建筑结构设计与施工质量控制研究

杨东豫　李欣聪　王空前　著

吉林科学技术出版社

图书在版编目（CIP）数据

建筑结构设计与施工质量控制研究 / 杨东豫, 李欣聪, 王空前著. -- 长春：吉林科学技术出版社, 2022.4
ISBN 978-7-5578-9300-2

Ⅰ. ①建… Ⅱ. ①杨… ②李… ③王… Ⅲ. ①建筑结构－结构设计－研究②建筑施工－质量控制－研究 Ⅳ. TU318②TU712.3

中国版本图书馆 CIP 数据核字(2022)第 072901 号

建筑结构设计与施工质量控制研究

著	杨东豫　李欣聪　王空前
出 版 人	宛　霞
责任编辑	孔彩虹
封面设计	林　平
制　版	北京荣玉印刷有限公司
幅面尺寸	185mm×260mm
字　数	200 千字
印　张	8.75
印　数	1-1500 册
版　次	2022年4月第1版
印　次	2023年3月第1次印刷

出　版	吉林科学技术出版社
发　行	吉林科学技术出版社
地　址	长春市福祉大路5788号
邮　编	130118
发行部电话/传真	0431-81629529 81629530 81629531
	81629532 81629533 81629534
储运部电话	0431-86059116
编辑部电话	0431-81629518
印　刷	三河市嵩川印刷有限公司

书　号	ISBN 978-7-5578-9300-2
定　价	48.00元

编审会

前　言

PREFACE

建筑结构设计是根据建筑、给排水、电气和采暖通风的要求，合理地选择建筑物的结构类型和结构构件，采用合理的简化力学模型进行结构计算，然后依据计算结果和国家现行结构设计规范完成结构构件的计算，最后依据计算结果绘制施工图的过程，可以分为确定结构方案、结构计算与施工图设计三个阶段。因此，建筑结构设计是一个非常系统的工作，需要我们掌握扎实的基础理论知识，并具备严肃、认真和负责的工作态度。

优秀的结构设计师，不仅需要树立创新意识，建立开放的知识体系，还需要不断吸取新的科技成果，从而提高自己解决各种复杂问题的能力。创新不是标新立异和哗众取宠，其基础在于工程实践。建筑结构设计作为一门实践性强，紧密联系现行国家结构设计规范的课程，其目的就在于发展学生的空间思维，培养学生解决和处理实际工程问题的能力及创新意识。

建筑工程质量是建筑业参与各方及管理者追求的永恒主题，建筑质量涉及的范围极广，包括决策者、设计的构造措施、材料的材质选择及相互匹配、施工企业素质及操作人员技术修养和熟练程度、工程全过程监理和质量监督及试验检测的技术水平，因而是一个很庞大的系统工程，某一个方面的措施达不到质量标准，都会影响到预期目标的实现。为了给建设和使用者提供安全、可靠、耐久的各类建筑，建筑业多年来从国家到地方各级都制定了相应的规范标准和规程，如果切实执行对保证建设质量极其有效。

本书严格按照建筑工程结构设计与施工质量验收规范，并秉承以理论知识够用为度，以培养面向生产第一线的应用型人才为目的进行。在内容上有了较大幅度的充实与完善，进一步强化了实用性和可操作性，更能满足教学工作的需要。

本书的工作主要遵循以下原则和要求进行：

1.进一步突出了实际操作性，以能力为本，注重结合施工实际，努力使内容能做到简单明了，通俗易懂。

2.可以使读者能够带着目的性去理解书中内容，使全书内容层次分明，条理清晰。

3.结合建筑结构设计与工程施工质量管理相关标准规范对建筑工程质量与安全控制的内容进行阐述。

目 录
CONTENTS

第一章　建筑结构设计原理基础

第一节　建筑结构组成与类型

一、建筑结构的组成

建筑结构是由板、梁、柱、墙、基础等建筑构件形成的具有一定空间功能，并能安全承受建筑物各种正常荷载作用的骨架结构。

板是建筑结构中直接承受荷载的平面型构件，具有较大平面尺寸，但厚度却相对较小，属于受弯构件，通过板将荷载传递到梁或墙上。梁一般指承受垂直于其纵轴方向荷载的线型构件，是板与柱之间的支撑构件，属于受弯构件，承受板传来的荷载并传递到柱上。柱和墙都是建筑结构中的承受轴向压力的承重构件，柱是承受平行于其纵轴方向荷载的线型构件，截面尺寸小于高度，墙主要承受平行于墙体方向荷载的竖向构件，它们都属于受压构件，并将荷载传到基础上，有时也承受弯矩和剪力。基础是地面以下部分的结构件，将柱及墙等传来的上部结构荷载传递给地基。

二、建筑结构的分类

（一）建筑结构按所用材料分类

按照所用材料不同，分为混凝土结构、钢结构、砌体结构和木结构。

1. **混凝土结构**（concrete structure）

混凝土结构是以混凝土为主要建筑材料的结构，包括素混凝土结构、钢筋混凝土结构和预应力混凝土结构。

混凝土是当代最主要的土木工程材料之一，由胶凝材料、粗骨料、细骨料和水，按照一定比例混合拌制而成。混凝土具有较高的抗压强度，常被应用于受压为主的

1

结构构件中，如柱墩、基础墙等。混凝土结构作为近百年内新兴的结构，应用于19世纪中期，随着生产的发展，理论的研究以及施工技术的改进，这一结构形式逐步提升及完善，得到了迅速的发展。

混凝土在构造上有下面几个主要特点：

第一，水泥水化所需要的水，远小于混凝土施工时和易性所要求的水。因此，拌和在混凝土中的水在混凝土硬化后，一部分和水泥水化，一部分残留在混凝土内，一部分挥发到空气中，使混凝土形成许多微细的孔隙。所以，混凝土是一种多孔隙、不均匀的物体。

第二，水泥水化的过程可能要延续几个月、几年或几十年，因此，混凝土的硬结过程也很长，混凝土的许多物理和力学性能需要延续一段较长的时间才能趋于稳定。

第三，混凝土在空气中结硬时，水泥石产生收缩。当水泥石收缩较大时，在骨料与水泥石的粘结面以及水泥石内部有可能产生许多细微的裂缝。

为更好地提高结构性能，弥补混凝土抗拉强度低的缺点，充分发挥钢筋的抗拉性能，在建筑结构及其他土木工程中常常采用钢筋混凝土结构。由配置受力的普通钢筋、钢筋网或钢筋骨架的混凝土制成的结构称为钢筋混凝土结构。这是力学性能得以改善的组合材料，即在混凝土中配以适量的钢筋，依靠两种材料之间的粘结力粘结成整体，共同承受外力，实现较好的抗拉和抗压强度，提高结构的耐久性。当构件的配筋率小于钢筋混凝土中纵向受力钢筋最小配筋百分率时，称为素混凝土结构。

目前，钢筋混凝土结构是我国目前最大量、最常见的建筑结构形式，在高层建筑和多层框架中大多采用钢筋混凝土结构。建筑结构史上的新纪元开始自1872年美国纽约落成的世界第一座钢筋混凝土结构，自此之后，钢筋混凝土结构得到了逐步的推广和应用，目前这种结构形式已经被广泛应用于工业和民用建筑、桥梁、隧道、矿井以及水利、海港等土木工程领域。整体来说，钢筋混凝土结构理论的发展大致经历了四个不同的阶段：第一阶段为钢筋混凝土小构件的应用，设计计算依据弹性理论方法；第二阶段为钢筋混凝土结构与预应力混凝土结构的大量应用，设计计算依据材料的破损阶段方法；第三阶段为工业化生产构件与施工，结构体系应用范围扩大，设计计算按极限状态方法；第四阶段，由于近代钢筋混凝土力学这一新的学科的科学分支逐渐形成，以统计数学为基础的结构可靠性理论已逐渐进入工程实用阶段。

钢筋混凝土结构相比钢、砌体和木结构，在物理力学性能、工程造价等方面有诸多优点：

第一，耐久性。密实的混凝土有较高的强度，同时由于钢筋被混凝土包裹，不易锈蚀，维修费用也很少，所以钢筋混凝土结构的耐久性比较好。

第二，耐火性。混凝土包裹在钢筋外面，火灾时钢筋不会很快到达软化温度而导致结构整体破坏。

第三，整体性。钢筋和混凝土之间的粘结作用，大大提高了结构的整体性。

第四，可模性。通过混凝土的后续浇筑，可以根据需要很容易制成各种形状和尺寸的钢筋混凝土结构。

第五，合理用材。钢筋混凝土结构合理地发挥了钢筋和混凝土两种材料的性能，与钢结构相比，降低了造价。

由于钢筋混凝土易于产生裂缝，人们开始致力于研究如何更好地提高建筑材料的强度，其中一种方法是在混凝土结构构件使用之前，人工张拉混凝土受拉区内的钢筋，利用钢筋回缩力，使混凝土受拉区间接预先受到压力作用，这就是现在广泛应用的预应力混凝土结构。该预压力能有效抵消部分外荷载产生的拉力，限制混凝土的伸长，延缓或不使裂缝出现。预应力混凝土结构具有以下优点：

第一，抗裂性好，刚度大。由于对构件施加预应力，大大推迟了裂缝的出现，在使用荷载作用下，构件可不出现裂缝，或使裂缝推迟出现，所以提高了构件的刚度，增加了结构的耐久牲。

第二，节省材料，减小自重。其结构由于必须采用高强度材料，因此可减少钢筋用量和构件截面尺寸，节省钢材和混凝土，降低结构自重，对大跨度和重荷载结构有着明显的优越性。

第三，可以减小混凝土梁的竖向剪力和主拉应力。预应力混凝土梁的曲线钢筋（束）可以使梁中支座附近的竖向剪力减小；又由于混凝土截面上预应力的存在，使荷载作用下的主拉应力也就减小。这利于减小梁的腹板厚度，使预应力混凝土梁的自重可以进一步减小。

第四，提高受压构件的稳定性。当受压构件长细比较大时，在受到一定的压力后便容易被压弯，以致丧失稳定而破坏。如果对钢筋混凝土柱施加预应力，使纵向受力钢筋张拉得很紧，不但预应力钢筋本身不容易压弯，而且可以帮助周围的混凝土提高抵抗压弯的能力。

第五，提高构件的耐疲劳性能。因为具有强大预应力的钢筋，在使用阶段因加荷或卸荷所引起的应力变化幅度相对较小，因此可提高抗疲劳强度，这对承受动荷载的结构来说是很有利的。

第六，预应力可以作为结构构件连接的手段，促进大跨结构新体系与施工方法的发展。

世界上具有代表性的预应力混凝土结构

建筑是加拿大多伦多市中心国家电视塔CN Tower。塔高553.33m，建造于1976年，147层，不仅具有重要的广播和通信功能，而且是多伦多的标志性建筑，每年吸引两百万游客前来参观。

我国现行《混凝土结构设计规范》积累了半个世纪以来丰富的工程实践经验和科研成果，把我国混凝土结构设计方法提高到了当前的国际水平，在工程设计中发挥着指导作用。

2．钢结构（steel structure）

钢结构是以钢材为主的建筑结构形式。相比其他结构形式，具有如下特点：

第一，强度高，自重轻，塑性和韧性好，抗冲击和抗振动能力强。钢结构强度高，对构件尺寸要求相对较低，钢结构建筑物自重约为混凝土结构的三分之一。钢结构塑性变形能力强，具有较强的抗冲击能力和抗振动能力，属于延性破坏结构，能够通过变形预先发现危险。当结构受到地震、台风等荷载作用时，能有效地避免其出现倒塌破坏。

第二，材质均匀，质量稳定，可靠度高。钢材材料匀质性和各向同性好，属于理想弹塑性体，其弹性模量和韧性模量都比较大，与工程力学的基本假定最为符合。因此，钢结构的受力计算过程中不确定性较小，计算结果的可靠度高。钢结构构件便于在工厂进行批量制作，施工吊装采用机械化，施工速度快，有效缩短施工周期。

第三，耐腐蚀性和耐火性差。钢结构材料中铁属于活泼金属，所以耐腐性差。钢材虽然属于不燃性材料，但对温度非常敏感，温度升高或者降低都会使钢材性能发生变化。钢结构通常在450～650℃时就会失去承载能力，发生很大的形变，导致构件发生弯曲而强度降低。同时，钢材在高温下强度降低很快，加上钢材本身的热导率较大，所以钢结构在火灾作用下极易短时间破坏。在建筑结构中广泛使用的普通低碳钢，在温度超过350℃时，强度开始大幅度下降，在500℃时，强度约为常温时的1/2，600%：时为常温时的1/3。

高452m的吉隆坡国家石油双塔大厦号称目前世界上最高的纯钢结构建筑（外层材料为不锈钢和玻璃），用钢量7500t。双塔大厦在41层和42层之间还有一座用轻型钢建造的"空中天桥"连接两塔，"桥"长58m、高9m，总重750t。

高320m的埃菲尔铁塔是较早应用钢结构的建筑物，用钢量7000t，它除了四脚是用钢筋水泥筑成外，其他地方都用钢铁构成。除了7000t钢铁外，它还被装上了1.2

万个金属部件，以及250万只铆钉。

3．砌体结构（masonry structure）

砌体结构是由砌块和砂浆砌筑而成的结构形式。以砖和石为主的砌块具有取材方便，生产和施工方法简单，造价低等优点，在我国具有悠久的使用历史和辉煌的纪录，并且至今仍属于重要的建筑材料之一。其中，举世闻名的八大奇迹——万里长城，建造于两千多年前，采用"秦砖汉瓦"的砌体结构是当时人类智慧的结晶。世界最早的空腹式石拱桥——河北赵县安济桥，也是世界土木工程行业举足轻重的砌体结构。还有坐落在我国四川的都江堰水利工程，是世界年代最久、唯一留存、以无坝引水为特征的宏大水利工程，采用砌体结构，至今仍起到着重要的灌溉作用。

目前，我国在多层住宅结构中大量应用砌体结构。据不完全统计，从20世纪80年代初至今，我国主要大中城市建造的砌体结构房屋已达70亿～80亿平方米。随着高层建筑的大量涌现，主体结构采用单纯的砌体结构难以满足结构荷载的要求，主要原因在于砌体结构中砂浆和砖石的粘结力较弱，因此单纯砌体的抗拉、抗弯和抗剪性能都较差，但由于保温隔热性好，较为经济，故主要被应用于墙体结构中。

4．木结构（timber structure）

木结构是以木材为主要材料的结构形式。木材作为一种永恒的建筑材料，古老而又现代。

木结构结构简单，取材广泛，自然美观，但木材的承载能力有限，抗腐蚀能力差，属于易燃材料。

（二）建筑结构按结构形式分类

建筑结构针对建筑本身的承重方式，可以划分为不同结构形式的建筑，主要为砖混结构、框架结构、剪力墙结构、框架-剪力墙结构、筒体结构、排架结构和大跨结构等。

1．砖混结构（masonry-concrete structure）

砖混结构的承重结构是小部分横向承重：的钢筋混凝土楼板以及大部分竖向承重的砖墙，属于混合结构体系之一。由于砖墙承重能力和抗震性能有限，所以一般适用于在6、7度地震区，开间进深较小，楼层不超过6层的低层和多层建筑。

砖混结构建筑的墙体既是围护结构又是承重结构。其布置方式如下：

（1）横墙承重

用平行于山墙的横墙来支承楼层。常用于平面布局有规律的住宅、宿舍、旅馆、办公楼等小开间的建筑。横墙兼作隔墙和承重墙之用，间距为3～4m。

（2）纵墙承重

用檐墙和平行于檐墙的纵墙支承楼层，开间可以灵活布置，但建筑物刚度较差，立面不能开设大面积门窗。

（3）纵横墙混合承重

部分用横墙、部分用纵墙支承楼层。多用于平面复杂、内部空间划分多样化的建筑。

（4）砖墙和内框架混合承重

内部以梁柱代替墙承重，外围护墙兼起承重作用。这种布置方式可获得较大的内部空间，平面布局灵活，但建筑物的刚度不够。常用于空间较大的大厅。

（5）底层为钢筋混凝土框架，上部为砖墙承重结构

常用于沿街底层为商店，或底层为公共活动的大空间，上面为住宅、办公用房或宿舍等建筑。

2．**框架结构**（frame structure）

框架结构是指结构中梁、板、柱作为承重主体，通过刚接或铰接的形式相连的结构形式。房屋的框架按跨数分有单跨、多跨；按层数分有单层、多层；按立面构成分有对称、不对称；按所用材料分有钢框架、混凝土框架、胶合木结构框架及钢与钢筋混凝土混合框架等。框架结构中的承重柱空间占据较小，结构整体自重轻，使得结构空间分隔灵活，具有很大的自如性和延展性。此外，框架结构中的钢筋混凝土框架结构，可以通过柱构件的标准化、定型化，大大缩短施工工期，减少开支。

但框架结构中承重柱的侧向刚度小，水平荷载引起的侧向变形较大，所以设计时需要控制房屋的高度和高宽。

混凝土框架结构广泛用于商场、学校、办公楼等；框架钢结构常用于大跨度的公共建筑、多层工业厂房和一些特殊用途的建筑物中，如剧场、商场、体育馆、火车站、展览厅、造船厂、飞机库、停车场、轻工业车间等。

3．**剪力墙结构**（shear wall structure）

剪力墙结构是由钢筋混凝土墙板和楼板构成，分别承担各种荷载引起的竖向作用力和水平作用力的结构。剪力墙结构其有与框架结构不同的优点，整体性好，刚度大，能够承受水平风荷载或地震荷载的作用，而仅引起较小弯曲变形，抗震性能好，适用于高层住宅、旅馆等。但由于剪力墙的布置，加大结构自重，并且空间分隔受限，平面布置不灵活，较难获得大的建筑空间，不能满足公共建筑的使用要求。

4．**框架-剪力墙结构**（frame-shear wall structure）

由框架结构和剪力墙共同承受竖向和水平荷载的结构体系，称为框架-剪力墙结

构体系。在整个结构体系中，剪力墙负责承担大部分的水平荷载，框架负责承担竖向荷载。

框架-剪力墙结构兼有框架和剪力墙的优点，两者的相互作用增大了结构的稳定性，与框架结构相比，结构的水平承载力和侧向刚度都有很大提高。同时，与剪力墙结构相比，承重墙体数量减少，结构空间布置灵活。该结构形式多用于10～20层的办公楼、教学楼、医院和宾馆等建筑中。

5．**筒体结构**（tube structure）

筒体结构是指有一个或几个筒体作为竖向承重结构的高层建筑结构体系。结构采用剪力墙或者密柱集中构成建筑的内部和外围，从而形成空间封闭的筒体形式。通过集中布置的方式进而获得更大结构空间。该结构形式中的筒体整体性较好，能够承担更大的水平荷载，使得整个结构更稳定，多用于高层写字楼建筑中。

6．**排架结构**（bent frame structure）

排架结构是由基础、排柱、屋面梁、屋面板组合而成的空间连续结构，是单层厂房的基本结构形式，主要用于冶金、机械、化工、纺织等工业厂房。

7．**大跨结构**（large-span structure）

大跨结构是指竖向承重结构为柱和墙体，屋盖用钢网格、悬索结构或混凝土薄壳、膜结构等的大跨结构。这类建筑中没有柱子，而是通过网架等空间结构把荷重传到房屋四周的墙、柱上去。适用于体育馆、航空港、火车站等公共建筑。

（三）建筑结构按施工方式分类

按照施工方式不同分为现浇结构、装配结构和装配整体式结构：，

现浇式结构（cast-in-structure）采用现场支模，现场浇筑，现场养护，整体性好，刚度大，抗震性能好。但工期较长，现场作业量大，需要大量模板。

装配式结构（precast structure）采用提前对构件本身预制，然后施工现场进行安装，节省现场模板支撑作业流程，提高劳动生产效率，但整体性和抗震性较差。

装配整体式结构（integrated precast structure）是当预制件吊装就位后，在其上或者其他部位相接处浇筑钢筋混凝土连接成整体。其整体性和抗震性介于现浇式和装配式两者之间。

第二节　建筑结构设计方法

一、建筑结构设计理论的发展

建筑结构设计的主要目的是要保证结构能够满足安全性、适用性、耐久性等功能的要求，其本质是要科学地解决结构物的可靠与经济这对矛盾。一般来说，若多用一些材料，即结构断面大一些，利用材料强度的水平高一些，往往安全度就大一些，但这样就不经济。结构工程师就是要用最经济的手段，设计并建造出安全可靠的结构，使之在预定的使用期间内，满足各种预定功能的要求。

随着科学的发展和技术的进步，结构设计理论经历了从弹性理论到极限状态理论的转。变，结构设计方法经历了从定值法到概率法的发展。

容许应力法是最早的混凝土结构构件计算理论。它以弹性理论为基础，主要对构件抵抗破坏的承载力进行计算，即在规定的荷载标准值作用下，按弹性理论计算得到的构件截面应力应小于结构设计规范规定的材料容许应力值。材料的容许应力为材料强度除以安全系数。该方法虽然计算简单，但是未考虑结构材料的塑性性能，不能正确反映构件截面承载能力，且缺乏明确的结构可靠度概念，安全系数的确定主要依靠经验，缺乏科学依据。

20世纪40年代，出现了按破坏阶段的设计方法。该方法考虑了材料塑性性能的影响，按破坏阶段计算构件截面的承载能力，要求构件截面的承载能力（弯矩、轴力、剪力和扭矩等）不小于由外荷载产生的内力乘以安全系数。该方法反映了构件截面的实际工作情况，计算结果比较准确，但由于采用了笼统的总安全系数来估计使用荷载的超载和材料强度的变异性，该方法仍缺乏明确的可靠度概念。此外，该方法只限于构件的承载能力计算。

20世纪50年代，提出了多系数极限状态设计方法。该方法明确规定结构按照承载力极限状态、变形极限状态和裂缝极限状态三种极限状态进行设计。在承载力极限状态中，对材料强度引入各自的均质系数及材料工作条件系数，对不同荷载引入各自的超载系数，对构件还引入工作条件系数；对材料强度均质系数及某些荷载的超载系数，是将材料强度和荷载作为随机变量，用数理统计方法经过调查分析而确定的。极限状态设计方法是建筑结构设计理论的重大发展，但仍然没有给出结构可靠度的定义和计算可靠度的方法。此外，对于保证率的确定、系数取值等方面仍然带有不少主观经验成分。

近年来，国际上在结构构件设计方法方面的趋向是采用基于概率理论的极限状态设计方法，简称概率极限状态设计法。按发展阶段，该方法可分为三个水准：

第一，水准Ⅰ——半概率法。该方法对影响结构可靠度的某些参数，如荷载值和材料强度值等，用数理统计进行分析，并与工程经验相结合，引入某些经验系数。该方法对结构的可靠度未能做出定量的估计。我国《钢筋混凝土结构设计规范》基本属于此法。

第二，水准Ⅱ——近似概率法。该方法将结构抗力和荷载效应作为随机变量，按给定的概率分布估算失效概率或可靠指标，在分析中采用平均值和标准差两个统计参数，且对设计表达式进行线性化处理，也称为"一次二阶矩法"，它实质上是一种实用的近似概率计算方法。该方法在计算时采用分项系数表达的极限状态设计表达式，各分项系数根据可靠度分析确定。我国现行的《混凝土结构设计规范》（以下简称《规范》）采用的就是近似概率法。

第三，水准Ⅲ——全概率法。全概率法是完全基于概率论的结构整体优化设计方法，这一方法无论在基础数据的统计方面，还是在基于全概率的可靠性定量计算方面均很不成熟，目前还处于研究探索阶段。

二、作用、作用效应和抗力

（一）作用

建筑结构在施工和使用期间要承受各种"作用"。为了使设计的结构既可靠又经济，必须进行两方面的研究：一方面研究各种"作用"在结构中产生的各种效应，另一方面研究结构或构件内在的抵抗这些效应的能力。由此可见，结构设计中的首要工作就是确定结构上各种"作用"的类型和大小。

所谓结构上的"作用"是指施加在结构上的集中力或分布力，以及引起结构外加变形或约束变形的原因。

结构上的作用按形式的不同，可分为两类：

第一，以力的形式直接施加在结构上，如结构自重、在结构上的人或设备重量（风压；雪压、土压等），这些称为直接作用，习惯上称为结构上的荷载。

第二，引起外加变形或约束变形的原因，如基础沉降、温度变化、混凝土墙的收缩和徐变、焊接等，这类作用不是直接以力的形式出现，称为间接作用。

结构上的作用按其随时间的变异性和出现的可能性分为以下三类：

第一，永久作用。作用在结构上，其值不随时间变化，或其变化与平均值相比可以忽略不计者称为永久作用，如结构自重、土压力、预加应力、基础沉降、焊接等。其中，结构自重和土压力，习惯上称为永久荷载或恒荷载。

第二，可变作用。作用在结构上，其值随时间而变化，且其变化与平均值相比不可忽略者为可变作用，如桥面或路面上的行车荷载、安装荷载、楼面活荷载、屋面活荷载和积灰荷载、风荷载、雪荷载、吊车荷载、温度变化等。这些荷载（温度变化除外）习惯上称为可变荷载或活荷载。

第三，偶然作用。在设计基准期内不一定出现，但一旦出现其量值就很大且持续时间很短的作用称为偶然作用，如地震、爆炸、撞击等。

（二）作用效应

直接作用和间接作用都将使结构或构件产生内力（如弯矩、剪力、轴向力、扭矩等）和变形（如挠度、转角、拉伸、压缩、裂缝等）。这种由"作用"所产生的内力和变形称为作用效应，用 S 表示。当内力和变形由荷载产生时，称为荷载效应。

（三）结构抗力

结构抗力是指整个结构或结构构件承受作用效应的能力，如构件的承载能力、刚度、抗裂性等均为结构抗力，用表示。

结构抗力是材料性能（强度、弹性模量等）、构件截面几何特征（高度、宽度、面积、惯性矩、抵抗矩等）及计算模式的函数。其中，材料性能是决定结构抗力的主要因素。由于材料性能的不定性、构件截面几何特征的不定性（制作与安装误差等）以及计算模式的不定性（基本假设和计算公式不精确），所以结构构件抗力也是一个随机变量。

三、荷载和材料强度取值

（一）荷载代表值

作用在结构上的荷载是随时间而变化的不确定的变量，如风荷载（其大小和方向是变化的）、楼面活荷载（大小和作用位置均随时间而变化）。即使是恒荷载（如结构自重），也随其材料比重的变化以及实际尺寸与设计尺寸的偏差而变异。在设计表达式中如果直接引用反映荷载变异性的各种统计参数，将造成很多困难，也不便于应用。为简化设计表达式，对荷载给予一个规定的量值，称为荷载代表值。荷载可根据不同的设计要求，规定不同的代表值。永久荷载采用标准值作为代表值，可变荷载采用标准值、准永久值、组合值或频遇值为代表值。

1. 荷载标准值

所谓荷载标准值是指在结构使用期间，在正常情况下可能出现的最大荷载值。荷载标准值可由设计基准期最大荷载概率分布的某一分位值确定，若为正态分布，则如图1-1中的 P_k。荷载标准值理论上应为结构在使用期间，在正常情况下，可能出现的具有一定保证率的偏大荷载值。例如，若取荷载标准值为

$$P_k = \mu_p + 1.645\sigma_p \tag{1-1}$$

则 P_k 具有95%的保证率，亦即在设计基准期内超过此标准值的荷载出现的概率为5%。式（1-1）中，μ_p 为荷载的统计平均值；σ_p 为荷载的统计标准差。

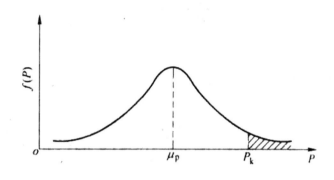

图1-1　荷载标准值的概率含义

然而，实际工程中，很多可变荷载并不具备充分的统计资料，难以给出符合实际的概率分布，只能结合工程经验，经分析判断确定。我国《建筑结构荷载规范》对各类荷载标准值的取法都做了明确规定，其中，永久荷载的标准值 G_k 是根据结构的设计尺寸、材料和构件的单位自重计算确定的，可变荷载的标准值 Q_k 按《建筑结构荷载规范》规定采用。

2. 荷载准永久值

可变荷载准永久值是按正常使用极限状态准永久组合设计时采用的荷载代表值。在正常使用极限状态的计算中，要考虑荷载长期效应的影响。显然，永久荷载是长期作用的，而可变荷载不像永久荷载那样在结构设计基准期内全部以最大值经常作用在结构构件上，它有时作用值大一些，有时作用值小一些，有时作用的持续时间长一些，有时短一些。但若达到和超过某一值的可变荷载出现次数较多、持续

时间较长，以致其累计的总持续时间与整个设计基准期的比值已达到一定值（一般情况下，这一比值可取0.5），它对结构作用的影响类似于永久荷载，则该可变荷载值便成为准永久荷载值。

可变荷载的准永久值记为 $\psi_q Q_k$，其中，Q_k 为某种可变荷载的标准值，ψ_q 为准永久值系数。

3. 荷载组合值

当结构上同时作用有两种或两种以上的可变荷载时，它们同时以各自的最大值出现的可能性是极小的，因此，要考虑其组合值问题。所谓荷载组合值是将多种可变荷载中的第一个可变荷载（产生荷载效应为最大的荷载）以外的其他荷载标准值乘以荷载组合值系数 $\psi_c (\psi_c \leqslant 1)$ 所得的荷载值。它是承载能力极限状态按作用效应基本组合设计和正常使用极限状态按标准组合设计所采用的荷载代表值。可变荷载组合值记为 $\psi_c Q_k$。

4. 荷载的频遇值

对于可变荷载，在设计基准期内，其超越的总时间为规定的较小比率或超越次数为规定次数的荷载值。可变荷载频遇值记为 $\psi_t Q_k$，其中，ψ_i 为可变荷载频遇值系数。

《建筑结构荷载规范》已给出了各种可变荷载的标准值及其组合值、频遇值和准永久值系数及各种材料的自重，设计时可以直接查用。

四、建筑结构的功能要求和极限状态

（一）结构的安全等级及设计使用年限

1. 结构的安全等级

我国根据建筑结构破坏后果（危及人的生命、造成经济损失、产生社会影响等）的严重程度，将建筑结构分为三个安全等级：破坏后果很严重的为一级，严重的为二级，不严重的为三级。

建筑物中各类结构构件使用阶段的安全等级宜与整个结构的安全等级相同，但允许对部分结构构件根据其重要程度和综合经济效益进行适当调整。例如，提高某一结构构件的安全等级所需额外费用很少，又能减轻整个结构的破坏，从而大大减少人员伤亡和财产损失，则可将该结构构件的安全等级在整个结构的安全等级基础上提高一级。相反，如某一结构构件的破坏并不影响整个结构或其他结构构件的安全性，则可将其安全等级降低一级，但一切构件的安全等级在各个阶段均不得低于三级。

2．结构的设计使用年限

结构的设计使用年限是指设计规定的结构或结构构件不需进行大修即可按其预定目的使用的时期。结构的设计使用年限可按《建筑结构可靠度设计统一标准》确定。

（二）建筑结构的功能要求

设计的结构和结构构件在规定的设计使用年限内，在正常维护条件下，应能保持其使用功能，而不需进行大修加固。根据我国《建筑结构可靠度设计统一标准》，建筑结构应该满足的功能要求有：

1．安全性

在正常施工和正常使用条件下，结构应能承受可能出现的各种外界作用；在偶然事件（如地震、爆炸等）发生时和发生后保持必需的整体稳定性，不致发生倒塌。所谓外界作用，包括各类外加荷载，此外还包括外加变形或约束变形，如温度变化、支座移动、收缩、徐变等。

2．适用性

结构在正常使用过程中应具有良好的工作性。例如，不产生影响使用的过大变形或振幅，不发生足以让使用者不安的过宽的裂缝等。

3．耐久性

结构在正常维护条件下应有足够的耐久性，完好使用到设计规定的年限，即设计使用年限。例如，不发生严重的混凝土碳化和钢筋锈蚀。

一个合理的结构设计，应该是用较少的材料和费用，获得安全、适用和耐久的结构，即结构在满足使用条件的前提下，既安全又经济。

（三）建筑结构的极限状态

整个结构或结构的一部分超过某一特定状态就不能满足设计指定的某一功能要求，这个特定状态称为该功能的极限状态。例如，构件即将开裂、倾覆、滑移、压屈、失稳等。也就是能完成预定的各功能时，结构处于有效状态；反之，则处于失效状态。有效状态和失效状态的分界，称为极限状态，是结构开始失效的标志。

结构的极限状态可分为承载力能力极限状态和正常使用极限状态两类。

1．承载能力极限状态

结构或结构构件达到最大承载能力或者达到不适于继续承载的变形状态，称为承载能力极限状态。当结构或结构构件出现下列状态之一时，认为超过了承载能力极限状态：

第一，整个结构或结构的一部分作为刚体失去平衡，如倾覆等；

第二，结构构件或连接部位因材料强度不够而破坏（包括疲劳破坏）或因过度的塑性变形而不适于继续承载

第三，结构转变为机动体系；

第四，结构或结构构件丧失稳定性，如压屈等；

第五，地基丧失承载能力而破坏，如失稳等。

承载能力极限状态主要考虑结构的安全性，而结构是否安全关系到生命、财产的安危，因此，应严格控制出现这种极限状态的可能性。

2．正常使用极限状态

结构或结构构件达到正常使用或耐久性能中某项规定限值的状态称为正常使用极限状态。当结构或结构构件出现下列状态之一时，即认为超过了正常使用极限状态：

第一，影响正常使用或外观的变形，如吊车梁变形过大使吊车不能平稳行驶，梁挠度过大影响外观；

第二，影响正常使用或耐久性能的局部损坏，如水池开裂漏水不能正常使用，梁的裂缝过宽导，致钢筋锈蚀等；

第三，影响正常使用的振动，如因机器振动而导致结构的振幅超过按正常使用要求所规定的限值；

第四，不宜有的损伤，如腐蚀等；

第五，影响正常使用的其他特定状态，如相对沉降量过大等。

建筑结构设计时，据两种不同极限状态的要求，分别进行承载能力极限状态和正常使用极限状态的计算。对一切结构或结构构件均应进行承载能力（包括压屈失稳）极限状态的计算。正常使用极限状态的验算则应根据具体使用要求进行。对使用上需要控制变形值的结构构件，应进行变形验算；对使用上要求不出现裂缝的构件，应进行抗裂验算；对使用上要求允许出现裂缝的构件，应进行裂缝宽度验算。

五、按近似概率理论的极限状态设计方法

（一）极限状态方程

设S表示荷载效应，它代表由各种荷载分别产生的荷载效应的总和，可以用一个

随机变量来描述；设R表示结构构件抗力，也当做一个随机变量。构件每一个截面满足$S \leqslant R$时，才认为构件是可靠的，否则认为是失效的。

结构的极限状态可以用极限状态函数来表达。承载能力极限状态函数可表示为

$$Z = R - S \tag{1-2}$$

根据S、的取值不同，Z值可能出现三种情况，

当$Z = R - S > 0$时，结构能够完成预定功能，处于可靠状态；

当$Z = R - S = 0$时，结构不能够完成预定功能，处于极限状态；

当$Z = R - S < 0$时，结构处于失效状态。

方程式：

$$Z = g(R, S) = R - S = 0 \tag{1-3}$$

称为极限状态方程。

结构设计中经常考虑的不仅是结构的承载力，多数情况下还需要考虑结构对变形或开裂等的抵抗能力，也是就说要考虑结构的适用性和耐久性的要求。由此，上述极限状态方程可推广为

$$Z = g\left(x_1, x_2, \cdots, x_n\right) \tag{1-4}$$

式中，$g\left(x_1, x_2, \cdots, x_n\right)$是函数记号，在这里称为功能函数。$g\left(x_1, x_2, \cdots, x_n\right)$由所研究的结构功能而定，可以是承载能力，也可以是变形或裂缝宽度等。$x_1, x_2, \cdots, x_n$为影响该结构功能的各种荷载效应以及材料强度、构件的几何尺寸等。结构功能则为上迷各变量的函数。

（二）结构的可靠度

先用荷载和结构构件的抗力来说明结构可靠度的概念。

在混凝土结构的早期阶段，人们往往以为只要把结构构件的承载能力或抗力降低某一倍数，即除以一个大于1的安全系数，使结构具有一定的安全储备，有足够的能力承受荷载，结构便安全了。例如，用抗力的平均值与荷载效应的平均值表达的单一安全系数K，定义为

$$K = \frac{\mu_{\mathrm{H}}}{\mu_{\mathrm{S}}} \tag{1-5}$$

其相应的设计表达式为

$$\mu_{\mathrm{R}} \geqslant K \mu_{\mathrm{S}} \tag{1-6}$$

实际上这种概念并不正确，因为这种安全系数没有定量地考虑抗力和荷载效应

的随机性，而是要靠经验或工程判断的方法确定，带有主观成分。安全系数定得过低，难免不安全，定得过高，又偏于保守，会造成不必要的浪费。所以，这种安全系数不能反映结构的实际失效情况。

鉴于抗力和荷载效应的随机性，安全可靠应该属于概率的范畴，应当用结构完成其预定功能的可能性（概率）的大小来衡量，而不是用一个定值来衡量。当结构完成其预定功能的概率达到一定程度，或不能完成其预定功能的概率（失效概率）小到某一公认的、大家可以接受的程度，就认为该结构是安全可靠的。这比笼统地用安全系数来衡量结构安全与否更为科学和合理。

结构在规定的时间内，在规定的条件下，完成预定功能的能力称为结构的可靠性。规定时间是指结构的设计使用年限，所有的统计分析均以该时间区间为准。所谓的规定条件，是指正常设计、正常施工、正常使用和正常维护的条件下，不包括非正常的，例如人为的错误等。

结构的可靠度是结构可靠性的概率度量，即结构在设计使用年限内，在正常条件下，完成预定功能的概率。因此，结构的可靠度用可靠概率 P_s 表示。反之，在设计使用年限即结构处于失效状态的概率，称为失效概率，用 P 表示。由于两者互补，所以

$$P_c + P_f = 1 \quad 或 \quad P_f = 1 - P_s \qquad (1-7)$$

因此，结构的可靠性也可用失效概率来度量。

根据概率统计理论，设 S、R 都是随机变量，则 $Z = R - S$ 也是随机变量，其概率密度函数如图1-2所示。图中阴影部分面积表示出现 $Z = R - S < 0$ 事件的概率，也就是构件的失效概率 P_f。

从概率的角度讲，结构的可靠性是指结构的可靠概率足够大，或者说结构的失效概率足够小，小到可以接受的程度。

从图1-2中可以看出，失效概率 P_f 与结构功能函数Z的平均值山 μ_z 有关，令 $\mu_z = \beta\sigma_z$（σ_z 为Z的标准差），则β值小时 P_f 大，β值大时 P_f 小。β与 P_f 存在一一对应关系，所以也可以用β度量结构的可靠性，称β为结构的可靠指标。

用失效概率 P_f 来度量结构的可靠性有明确的物理意义，但因确定失效概率要通过复杂的数学运算，故《建筑结构可靠度设计统一标准》采用可靠指标β代替失效概率P来度量结构的可靠性。在结构设计时，如能满足则结构处于可靠状态。[β]是设计依据的可靠指标，称为目标可靠指标。

$$\beta \geqslant [\beta] \qquad (1-8)$$

16

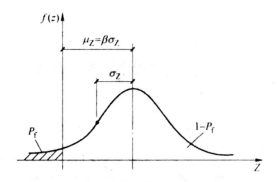

图1-2 可靠概率、失效概率和可靠指标

第二章　建筑钢结构概念设计

第一节　选择有利的建筑场地

一、优先选择有利地段

选择建筑场地时，应优先选择"有利地段"，有利地段是指稳定基岩，坚硬土，开阔、平坦、密实、均匀的中硬土等。

二、避免地面变形的直接危害

选择建筑场地时，应避开对建筑抗震危险的地段。危险地段是指地震时可能发生崩塌、滑坡、地陷、地裂、泥石流等地段和可能受到它们危害的地段，以及位于8度以上地震区的地表断裂带、地震时可能发生地表错位的地段。

三、避开不利地形

不利地形一般是指条状突出的山嘴，高耸孤立的山丘，非岩质的陡坡、陡坎，河岸和边坡的边缘，地表存在结构性裂缝等国内外多次地震经验表明：位于上述不利地形的建筑物的破坏程度要比邻近开阔平坦地形上建筑物的破坏程度加重1～2度。

当需要在条状突出的山嘴、高耸孤立的山丘、非岩石和强风化岩石的陡坡、河岸和边坡边缘等不利地段建造丙类及丙类以上建筑时，除保证其在地震作用下的稳定性外，尚应估计不利地段对设计地震动参数可能产生的放大作用，其水平地震影响系数最大值应乘以增大系数。其值应根据不利地段的具体情况确定，在1.1～1.6范围内采用。

18

四、避开不利场地

国内外多次地震经验表明：位于很厚场地覆盖层上的高层建筑等较柔结构，其破坏程度比薄覆盖层上同类结构严重很多因此，设计高层钢结构建筑时，最好避开厚场地覆盖层这类不利场地。

场地覆盖层厚度是指地表面至基岩顶面或等效基岩顶面（剪切波速 $V_s > 500\,\text{m/s}$ 的坚硬土）的深度。

五、避开不利地基土

不利地基土主要是指：饱和松散的砂土和粉土（该类土易产生土层液化现象，常称之为液化土）；泥炭、淤泥和淤泥质土等软弱土（该类土在地震时易发生较大幅度的突然沉陷，常称之为震陷土）；平面分布上成因、岩性、状态明显不均匀的土层（含故河道、疏松的断层破碎带、暗埋的塘浜沟谷和半填半挖地基）；高含水量的可塑黄土。

由于上述不利地基土在地震时可能发生较大的沉陷和不均匀沉陷，因此不能用作筏基和箱基下的天然地基此外，采用桩基时也应考虑地震时可液化土的可能沉陷而造成桩承台板底面脱空，以及对桩身产生的负摩擦力。

第二节　确定合适的建筑体型

实践经验证明，选择合适的建筑体型是减小多高层建筑结构风载效应、地震作用效应和侧移的重要手段之一。通常，多高层民用建筑钢结构宜选用有利于减小横风向振动影响的建筑体型。

建筑体型与建筑平面形状、建筑立面形状和房屋的高度等因素密切相关。因此，选择合适的建筑体型可归结为选择合适的建筑平面形状、建筑立面形状和房屋的高度，下面就对与建筑体型密切相关的几个方面进行分述。

一、建筑平面形状

由于高层建筑钢结构高度较大，水平荷载（风荷载和地震作用）对其影响往往起控制作用。因此，在确定建筑平面形状时，宜从降低风荷载和地震作用两方面考虑。

（一）抗风设计

1. 宜优先选用流线形平面

从抗风角度考虑，建筑平面宜优先选用圆形、椭圆形等流线形平面形状，该类平面形状的建筑，风载体型系数较小，能显著降低风对高层建筑的作用，可取得较好的经济效果。

圆形、椭圆形等流线形平面与矩形平面比较，风载体型系数可减小30%以上，作用于圆形平面高楼上的风荷载标准值仅为方形平面高楼的62%。这是因为圆柱形房屋垂直于风向的表面积最小，因此表面风压比矩形平面房屋要小得多。此外，由于圆形平面的对称性，当风速的冲角 α 发生任何改变时，都不会引起侧力数值上的改变因此，采用圆形平面的多高层建筑，在大风作用下不会发生驰振现象。

2. 应尽量选择对称规则平面

由于楼层平面形状不对称的多高层建筑，在风荷载作用下易发生扭转振动。实践经验证明：一幢高层建筑，在大风作用下即使是发生轻微的扭转振动，也会使居住者感到振动加剧很多。因此，为使高层建筑结构满足风振舒适度的需求，使高层居住者不致在大风作用下感到不适，建筑平面应尽量选择方形、圆形、椭圆形、矩形、正多边形等双轴对称的平面形状。

在实际工程中，常采用矩形、方形甚至三角形等建筑平面，但在其平面的转角处，常采用圆角或平角（切角）的处理方法。这样处理后，既可减小建筑的风载体型系数，又可降低风载作用下框筒或束筒体系角柱的峰值应力。德国法兰克福商业银行新大楼就采用了这种处理方式。

在进行结构布置时，应结合建筑平面、立面形状，使各楼层的抗推刚度（侧移刚度）中心与风荷载的合力中心接近重合，并位于同一竖直线上，以避免建筑扭转振动。

3. 注意建筑平面长宽比的限值

对于钢框筒结构体系，若采用矩形平面钢框筒，其长边与短边的比值不宜大于1.5。超过该比值的矩形平面钢框筒，当风向平行于矩形平面的短边时，框筒由于剪力滞后效应严重而不能充分发挥作为立体构件的空间作用，从而降低框筒抵抗侧力的有效性。若该比值大于1.5时，宜采用束筒结构体系。

（二）抗震设计

1. 宜优先选用简单规则平面

位于地震区的多高层建筑，水平地震作用的分布取决于质量分布。为使各楼层水平地震作用沿平面分布对称、均匀，避免引起结构的扭转振动，其平面应尽可能采用圆形、方形、矩形等对称的简单规则平面。

2. 尽量避免选用不规则平面

在工程设计中，应尽量避免选用不规则平面。当无法避免时，应对结构进行精细的地震反应分析，以获取较确切的地震内力与变形，并采取相应的抗震措施。

二、建筑立面形状

（一）抗风设计

1. 宜选用上小下大的简单规则的立面

由于作用于房屋的风荷载标准值随离地面的高度而增加，强风地区的高楼宜采用上小下大的梯形或三角形立面。

采用上小下大的梯形或三角形立面的优点是：缩小了较大风荷载值的受风面积，使风载产生的倾覆力矩大幅度减小；从上到下，楼房的抗推刚度和抗倾覆能力增长较快，与风载水平剪力和倾覆力矩的增长情况相适应；楼房周边向内倾斜的竖向构件轴力的水平分力，可部分抵消各楼层的风荷载水平剪力。

2. 立面可设大洞或透空层

对于位于台风地区的层数很多、体量较大的高楼，可结合建筑布局和功能要求，在楼房的中、上部，设置贯通房屋的大洞或每隔若干层设置一个透空层，可显著减小作用于楼房的风荷载。

（二）抗震设计

1. 宜优先选用简单规则的立面

对于抗震设防的多高层建筑钢结构，其立面形状宜采用矩形、梯形、三角形等沿高度均匀变化的简单几何图形，避免采用楼层平面尺寸存在剧烈变化的阶梯形立面，更不能采用由上而下逐步收进的倒梯形建筑。因为立面形状的突然变化，必然带来楼层质量和抗推刚度的剧烈变化。地震时，突变部位就会因剧烈振动或塑性变形集中效应而使破坏程度加重。

2. 尽量避免选用不规则立面

当阶梯形建筑的立面收进尺寸比 $B_1/B_2 < 0.75$ ，或立面外挑尺寸比例 $B_1/B_2 > 1.1$ 时（图2-1），均属于不规则立面形状，不宜用于地震区的高层建筑当无法避免时，应对结构进行精细的地震反应分析，以获取较确切的地震内力与变形，并采取相应的抗震措施。

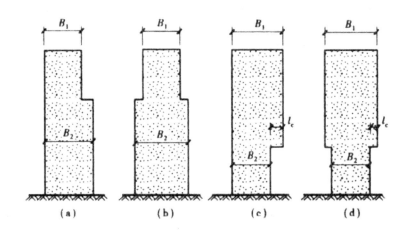

图2-1　结构立面收进或外挑图示

三、房屋高度

（一）房屋总高度

实践经验表明，不同的结构类型和结构体系，各有其适用的最大高度。钢框架属于弯曲杆系、它是依靠梁和柱的杆件抗弯刚度来为结构提供抗推刚度，其体系抵抗侧力的刚度和承载力较小，符合经济合理原则的房屋最大适用高度较低；钢框架—剪力墙（剪力墙属平面构件，在其平面内的刚度和承载力较大）、钢框架—支撑（支撑属轴力杆系，其抗推刚度远大于由弯曲杆系所组成的框架的抗推刚度）和各类筒体（筒体属立体构件，具有极大的抗推刚度和抗倾覆力矩的能力）等体系，抵抗侧力的刚度和承载力逐级增大，它们所适用的最大房屋高度也逐级增高。此外，钢材的强度和变形能力比混凝土高得多，所以钢结构所适用的最大房屋高度要比钢—混凝土混合结构更高一些。

房屋高度不超过50 m的多高层民用建筑钢结构，可采用框架、框架—中心支撑或其他体系的结构；超过50 m的高层民用建筑钢结构，8、9度时宜采用框架—偏心支撑、框架—延性墙板或约束屈曲支撑等结构。

采用框架结构时，多高层民用建筑不应采用单跨框架。

（二）房屋高宽比

房屋高宽比是指房屋总高度与房屋底部顺风（地震）向宽度的比值，它的数值大小直接影响到结构的抗推刚度、风振加速度和抗倾覆能力，若房屋的高宽比值较大，结构就柔，风或地震作用下的侧移就大，阵风引起的振动加速度就大，结构的抗倾覆能力就低。所以，进行多高层建筑钢结构抗风、抗震设计时，房屋的高宽比应该得到控制。

既然房屋的高宽比值决定着结构抗推刚度和抗倾覆能力，因此房屋高宽比的允许最大值，应该随水平荷载的大小而异，即风载大的和抗震设防烈度高的建筑物，其高宽比值要小一些；反之，就可以大一些。

第三节　变形缝的设置

变形缝分为伸缩缝（温度缝）、防震缝和沉降缝，应按下述原则处理。

一、伸缩缝

高层建筑钢结构的高度较大，一般为塔形建筑，其平面尺寸一般达不到需要设置伸缩缝的程度，且设缝会引起建筑构造和结构构造上的很多麻烦。同时，若缝不够宽，则缝的功能不能发挥，地震时可能因缝两侧的部分撞击而引起结构破坏。所以，《高钢规程》规定：高层建筑钢结构不宜设置伸缩缝。日本高层建筑一般都不设伸缩缝。当多高层钢结构必须设置伸缩缝时，抗震设防的结构伸缩缝应满足防震缝的要求。

二、防震缝

多高层民用建筑钢结构宜不设防震缝，对于体型复杂，平、立面不规则的建筑，应根据不规则程度、地基基础等因素，确定是否设防震缝；当在适当部位设置防震缝时，宜形成多个较规则的抗侧力结构单元。

多高层民用建筑钢结构的防震缝应根据抗震设防烈度、结构类型、结构单元的高度和高差情况，留有足够的宽度，其上部结构应完全分开。其宽度确定原则是：

应使缝的两侧在大震时相对侧移不碰撞，即应使缝宽大于缝两侧的结构物在大震时可能产生的顶点侧移之和；防震缝的最小宽度不宜小于按下式计算所得的数值，并不应小于相应钢筋混凝土结构房屋标准值的1.5倍。防震缝的宽度也不应小于钢筋混凝土框架的标准值。

$$\Delta = 2.4\left(u_e^A + u_e^B\right) + 30mm$$

式中：u_e^A——防震缝一侧较低建筑A结构顶点的弹性侧移计算值；

u_e^B——防震缝另一侧较高建筑B位于建筑A结构顶点同一标高处的弹性侧移计算值。

三、沉降缝

为了保证多高层建筑钢结构的整体性，在其主体结构内不应设置沉降缝。当主楼与裙房之间必须设置沉降缝时，其缝宽应满足防震缝的要求，同时应采用粗砂等松散材料将沉降缝地面以下部分填实，以确保主楼基础四周的可靠侧向约束；当不设沉降缝时，在施工中宜预留后浇带。

第四节 选择有效的抗侧力结构体系

位于地震区的多高层钢结构建筑，结构体系应根据建筑的抗震设防类别、抗震设防烈度、建筑高度、场地条件、地基、结构材料和施工等因素，经技术、经济和使用条件综合比较后确定。

一、选择结构体系的基本原则

由于设计多高层钢结构建筑时，其水平荷载往往起决定性作用。因此，选择合适的结构体系，往往主要取决于选择有效的抗侧力结构体系。其所选结构体系应符合下列基本要求。

（一）应具有明确的计算简图

结构体系应该能够采用十分明确的力学模型和数学模型来代替，并能进行合理的地震反应分析。

（二）应有合理的地震作用传递途径

从上部结构、基础到地基，应该具有最短的、直接的传力路线。考虑到地震时某些杆件或某些部位可能遭到破坏，为使整个结构的传力路线不致中断，结构体系最好能具备多条合理的地震力传递途径。

（三）应具备必要的抗震承载力、良好的变形能力和消耗地震能量的能力

由于地震对房屋的破坏作用较大，可能造成较大的人员和财产损失。因此，对于有抗震设防要求的房屋，应选择具有良好变形能力和消耗地震能量的结构体系，使其具备必要的抗震承载力，以避免或减小地震损失。

（四）对可能出现的薄弱部位，成采取措施提高其抗震能力

结构的薄弱部位，可能会导致该处发生过大的应力集中和塑性变形集中，在地震发生时该处首先破坏。因此，设计时应采取合适的加强措施，以提高其抗震能力。

（五）宜采用多道抗震防线

1．必要性

由于地震对房屋的破坏作用有时持续十几秒钟以上，一次地震后，又往往发生多次破坏性的强余震。采用单一抗侧力体系的结构，因为只有一道抗震防线，构件破坏后，在后续的地震作用下，很容易发生倒塌。特别是当建筑物的自振周期接近地震动卓越周期时，更容易因共振而倒塌。因此，若采用具有多道抗震防线的双重或多重抗侧力体系，如图2-2所示的框架—支撑体系、框架—剪力墙体系、框架—筒体体系和筒中筒体系等，当第一道抗震防线的抗侧力构件破坏后，还有第二道甚至第三道抗震防线的抗侧力构件来替补，从而大大增强结构的抗倒塌能力。

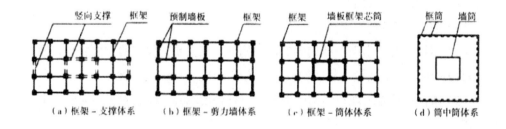

图2-2　具有多道抗震防线的结构体系

2．第一道防线的设置方法

（1）选择轴压应力小的构件

因为充当第一道防线的构件，首先受到地震的冲击，破坏在所难免。如果这个构件又是重要的承重构件，巨大的重力荷载就有可能压垮这个承载力已大为降低的构件，后果很严重。所以，应该挑选轴压比小的，特别是重力荷载应力小的构件，最好利用结构赘余杆件充当第一道抗震防线的构件。

（2）选择受弯构件

试验表明，杆件弯曲破坏所消耗的能量远远高于杆件剪切破坏所耗散的能量。挑选受弯构件或杆件充当第一道防线的构件或杆件，可以提高结构体系的延性，并在第一道防线的破坏过程中，耗散更多的地震能量，更好地保护第二道防线和重要构件。

（六）采用立体构件

柱之类的线形构件，长细比大，在两个方向抵抗水平力的刚度和承载力均很小；剪力墙之类的平面构件，虽然在平面内的抗推刚度和承载力均很大，但是在出平面方向的刚度和承载力仍很小，计算中常略去不计。然而，由3片以上框架或剪力墙组成的框筒、框筒束和墙筒，属于立体构件，在多方向均具有极大的抗推刚度和承载力。此外，因为它的承力杆件是沿结构的周边布置，从而具有最大的有效宽度，因而其抗倾覆能力极强。所以，立体构件是抗风和抗震的最经济、最有效的抗侧力构件。

（七）力争实现结构总体屈服机制

1．结构最佳破坏机制

结构实现最佳破坏机制的特征是：当结构中某些杆件出现塑性铰之后，整个结构在承载力基本保持稳定的条件下，结构能够持续地产生较大变形而不倒塌，从而最大限度地吸收和耗散地震能量。

结构最佳破坏机制的判别条件是：

（1）塑性铰首先出现在结构中的次要构件，或主要构件中的次要杆件，最后才在主要构件中出现塑性铰，从而构成多道抗震防线。

（2）塑性铰首先出现在结构中的各水平杆件的端部，最后才在竖向杆件中出现塑性铰。

（3）结构中所形成的塑性铰数量最多，使结构具有较长的塑性发展过程。

（4）构件或杆件中的塑性铰具有较大的塑性转动量，使结构在严重破坏之前能够产生较大的塑性变形，耗散更多的地震能量。

2. 结构屈服机制的类型

结构在水平荷载作用下发生的屈服机制，大致可划分为楼层屈服机制和总体屈服机制两大基本类型。

楼层屈服机制是指构件在侧力作用下，竖向杆件先于水平杆件屈服，导致某一楼层或某几个楼层发生侧向整体屈服，可能发生楼层屈服机制的高层结构有弱柱型框架、弱剪型支撑。

总体屈服机制是指构件在侧力作用下，全部水平杆件先于竖向杆件屈服，最后才是竖向杆件底层下端的屈服。可能发生总体屈服机制的高层结构有强柱型框架、强剪型支撑。

3. 结构总体屈服机制的优越性

结构的总体屈服机制是耐震性能最佳的破坏机制，与楼层屈服机制相比较，具有如下优越性。

（1）结构在侧力作用下临近倒塌之前，可能产生的塑性铰的数量多。

（2）塑性铰多发生在轴压力和重力荷载轴压比较小的杆件中。

（3）塑性铰的出现不致引起构件承重能力的大幅度下降。

（4）从上到下各楼层的层间侧移变化均匀，不致产生楼层塑性变形集中而导致层间侧移呈非均匀分布。

以上情况说明，结构发生总体屈服机制所能耗散的地震能量，远远大于楼层屈服机制。所以，进行结构体系设计时，应力争使结构实现总体屈服机制。

（八）遵循耐震设计四准则

1. 强节弱杆

在由线形杆件组成的框架、支撑、框筒等杆系构件中，节点是保证构件几何稳定的关键部位。构件在外荷载作用下，一旦节点发生破坏，构件就会变成机动构架，失去承载能力。因此，进行设计时，一定要使节点的承载力大于相邻杆件的承载力，即遵循所谓的"强节点、弱杆件"设计准则。

2. 强竖弱平

为使构件在地震作用下实现总体屈服机制，利用水平杆件变形来消耗更多的地震输入能量。在进行框架、框筒和偏心支撑等构件的杆件截面设计时，就应该使竖杆件的屈服承载力系数大于水平杆件的屈服承载力系数，即遵循所谓的"强柱弱梁"

设计准则。

屈服承载力系数是指杆件截面屈服时的承载力与该截面的外荷载内力的比值

3．强剪弱弯

在计算和构造上采取措施，使构件中各杆件截面的抗剪屈服承载力系数大于抗弯屈服承载力系数。

4．强压弱拉

对于型钢混凝土杆件和钢—混凝土混合结构中的钢筋混凝土杆件，进行受弯杆件的截面设计时，应使受拉钢筋配筋率低于平衡配筋率，确保杆件受弯时，实现受拉钢筋屈服，不发生受压区混凝土的压溃破坏。

（九）增多结构的超静定次数

结构（构件）中的超静定次数越多，在外荷载作用下，结构由稳定体系变成机动体系（倒塌机构）所需形成的塑性铰的数量越多，变形过程越长，所能耗散的输入能量越多，抗倒塌能力越强，可靠度越大所以，确定结构体系时，应尽量做到以下几点。

（1）杆系构件中各杆件的连接，均采取刚接。

（2）框架与支撑之间、芯筒与外圈框架或框筒之间的连接杆件（赘余杆件）的两端或一端采取刚接。

（3）各层楼盖的梁和板与抗侧力构件之间的连接，在不妨碍各竖构件差异缩短（压缩、温度变形等）影响的条件下，尽量采取刚接。

（十）使结构具有良好的延性

结构体系中的各构件，在具备必要的刚度和承载力的同时，还应具备良好的延性，使构件能够适应地震时产生的较大变形，而保持承载力不降低或少降低。构件具有良好的变形能力，就可以在严重破坏之前吸收和耗散大量的地震输入能量，在确保结构不倒塌的情况下，实现输入能量和耗散能量的平衡。

提高构件延性，实现构件刚度、承载力和延性相互匹配的途径，可以采用偏心支撑取代中心支撑，采用带竖缝墙板取代整体式墙板。

（十一）尽量做到竖向等强设计

沿竖向，整个结构体系应该做到刚度和承载力的均匀变化，使各楼层的屈服承载力系数大致相等，避免因刚度或承载力的突变而出现柔楼层或弱楼层，导致在某一个楼层或几个楼层发生过大的应力集中和塑性变形集中。

楼层屈服承载力系数，等于按构件的实际截面和强度标准值算得的楼层受剪承载力除以强震作用下的楼层弹性地震剪力。

（十二）结构在两个主轴方向的动力特性宜相近

沿结构两个主轴方向，宜具有合理的刚度和承载力分布，整个结构体系宜做到刚度和承载力大致相等，避免结构偏心，以充分利用两主轴方向材料。

二、结构体系的选择方法

实际工程设计时，综合考虑结构体系选择基本原则，根据结构抗震等级选择合适的结构体系。通常结构抗震等级为一、二级的钢结构房屋，宜选择带消能支撑的双重抗侧力体系（如钢框架—偏心支撑或钢框架-带竖缝钢筋混凝土抗震墙板或钢框架—内藏钢支撑钢筋混凝土墙板或钢框架—约束屈曲支撑等）或筒体。

（1）采用钢框架—支撑结构的房屋应符合以下规定

①支撑框架在两个方向的布置均宜基本对称，支撑框架之间楼盖的长宽比不宜大于3。

②结构抗震等级为三、四级且高度不大于50 m的钢结构宜采用中心支撑，也可采用偏心支撑、约束屈曲支撑等消能支撑。

③中心支撑框架宜采用交叉支撑，也可采用"人"字支撑或单斜杆支撑，不宜采用K形支撑；支撑的轴线宜交汇于梁柱构件轴线的交点，偏离交点时的偏心距不应超过支撑杆件宽度，并应计入由此产生的附加弯矩。当中心支撑采用只能受拉的单斜杆体系时，应同时设置不同倾斜方向的两组斜杆，且每组中不同方向单斜杆的截面面积在水平方向的投影面积之差不应大于10%。

④偏心支撑框架的每根支撑应至少有一端与框架梁连接，并在支撑与梁交点和柱之间或同一跨内另一支点与梁交点之间形成消能梁段。

⑤采用约束屈曲支撑时，宜采用人字支撑、成对布置的单斜杆支撑等形式，不应采用K形或X形支撑，支撑与柱的夹角宜在35°～55°。约束屈曲支撑受压时，其设计参数、性能检验和作为两种消能部件的计算方法可按相关要求设计。

（2）采用钢框架—筒体结构，必要时可设置由筒体外伸臂或外伸臂和周边桁架组成的加强层。

（3）采用框架结构时，甲、乙类多层钢结构建筑和丙类高层钢结构建筑不应采用单跨框架，丙类多层钢结构建筑不宜采用单跨框架。

第五节 抗侧力构件的布置

一、抗侧力构件的平面布置

（一）基本原则

多高层钢结构建筑的动力特性取决于各抗侧力构件的平面布置状况。为使各构件受力均匀，获得抵抗水平荷载的最大承载力，抗侧力构件沿建筑平面纵、横方向的布置应尽量做到"分散、均匀、对称"，应符合下列基本原则。

（1）抗侧力构件的布置，应力求使各楼层抗推刚度中心与楼层水平剪力的合力中心相重合，以减小结构扭转振动效应；

（2）框筒、墙筒、支撑筒等抗推刚度较大的芯筒，在平面上应居中或对称布置；

（3）具有较大受剪承载力的预制钢筋混凝土墙板，应尽可能由楼层平面中心部位移至楼层平面周边，以提高整个结构的抗倾覆和抗扭转能力；

（4）建筑的开间、进深应尽量统一，以减少构件规格，便于制作和安装；

（5）构件的布置以及柱网尺寸的确定，应尽量避免使钢柱的截面尺寸过大构件截面的钢板厚度一般不宜超过100 mm，因为太厚的钢板，焊接困难，并容易产生层状撕裂。

（二）平面不规则结构的判断及处理方法

考虑抗震设防的多高层钢结构建筑，在结构平面布置上具有下列情况之一者，则属于平面不规则结构。

（1）不论平面形状规则与否，任一楼层的偏心率（不包括附加偏心距）大于0.15时，或者楼层的最大弹性层间侧移大于该楼层弹性层间侧移平均值的1.2倍（但不应超过1.5倍），即 $\delta_2 > 1.2(\delta_1 + \delta_2)/2$，均属于"扭转不规则"结构。偏心率按下式计算：

$$\varepsilon_x = \frac{e_y}{r_{ex}}, \quad \varepsilon_y = \frac{e_x}{r_{ey}}$$

式中：ε_x，ε_y——所计算楼层在 x 和 y 方向的偏心率；

e_x，e_y——x 和 y 方向水平作用合力线到结构钢心的距离；

r_{ex}，r_{ey}——x 和 y 方向抗扭弹性半径。

$$r_{ex} = \sqrt{\frac{K_T}{\sum K_r}}, \quad r_{ey} = \sqrt{\frac{K_T}{\sum K_y}}$$

式中：$\sum K_x、\sum K_y$——所计算楼层各抗侧力构件在 x 和 y 方向抗推刚度之和；

K_T——所计算楼层的抗扭刚度。

（2）存在楼板尺寸或水平刚度突变或者局部楼板有效宽度小于该层楼板典型宽度的50%，或者楼板开洞面积超过该层楼面总面积的30%，或者楼盖不连续（有较大的错层）。

（3）结构平面形状带有缺口，缺口在两个方向的凹进深度和长度分别超过楼层平面各该方向总边长的30%。

（4）具有较大抗推刚度的抗侧力构件，既不平行又不对称于抗侧力体系的两个相互垂直的主轴。

在构件布置上应力求避免出现上述情况。无法避免时，属于上述（1）（4）者应计算结构的扭转影响；属于上述（2）者应采用相应的计算模型，对结构进行精细的作用效应计算，合理确定薄弱部位以及复杂传力途径中各构件的内力，并采取针对性的构造措施；属于上述（3）者应采用相应的构造措施。

（三）抗侧力构件的选用与布置

1. 支撑和墙板

在多高层建筑钢结构中，其抗侧力构件可根据具体情况选用中心支撑或消能支撑（如偏心支撑、约束屈曲支撑、内藏钢板支撑的混凝土墙板、带竖缝或带水平缝的钢筋混凝土墙板、钢板剪力墙等），以提高结构的抗推刚度。

中心支撑属轴力杆系，在弹性工作状态，即保持斜杆不发生侧向屈曲的情况下，具有较大的抗推刚度，中心支撑一般用于抗风结构，也可用于设防烈度较低的抗震结构当多高层建筑的设防烈度较高，并采用偏心支撑作为抗侧力构件时，楼房底部几层常改用中心支撑，以减小结构的变位。

消能支撑、在弹性阶段具有较大的抗推刚度，在弹塑性阶段具有良好的延性和耗能能力，很适合用于较高设防烈度的抗侧力构件。

2. 框筒

高层建筑采用钢框筒体系或由内筒与外钢框筒组成的筒中筒体系时，结构布置通常应考虑以下几点要求。

（1）为了能充分发挥框筒的立体构件作用，房屋的高宽比不宜小于4。

（2）内筒的边长不宜小于相应外框筒边长的1/3。

（3）框筒的柱距一般取1.5～3.0 m，且不宜大于层高，框筒裙梁的截面高度不应小于0.6 m，框筒的墙面开洞面积不宜大于墙面面积50%。

（4）内外筒之间的楼面使用面积的进深一般取10～16 m。

（5）内筒为框筒时，其柱距宜与外框筒相同，在各层楼盖处，每根内框筒柱应有钢梁与对应的外框筒柱直接相连。

（6）外框筒角柱的截面面积宜为中心柱的1.5～2倍，以保证角柱具有足够的承载力，但截面也不能过大，以免增大框筒的剪力滞后效应。

（7）矩形平面外框筒的四角宜切角或向内凹进，以缓和角柱的高峰应力。

（8）当房屋的层数很多，内筒的高宽比值及外框筒的边长较大时，为了改善外框筒的剪力滞后现象，提高内外筒的协同工作程度和结构的整体抗弯能力，可以在房屋顶层以及中上部的设备楼层设置刚性伸臂及外围加劲桁架。

3．刚性伸臂

（1）对于框架—芯筒体系、筒中筒体系，以及沿楼面核心区周边布置竖向支撑或抗剪墙板的框—撑体系和框—墙体系，宜在顶层及每隔若干层沿纵、横方向设置刚性伸臂，使外柱参与结构整体抗弯，减轻外框筒的剪力滞后效应，以增加整个结构抵抗侧力的刚度和承载力。

（2）刚性伸臂由立体桁架所构成，为充分发挥刚性伸臂的作用，沿房屋纵向和横向布置的桁架均应贯穿房屋全宽。

（3）为避免给楼面使用带来不便，并尽可能增大刚性伸臂的有效高度，刚性伸臂一般均安置在设备层。在顶层布置的刚性伸臂，一般称为帽桁架；布置在中间楼层的刚性伸臂，一般称为腰桁架。

（4）在刚性伸臂布置处，沿房屋周边应设置带状桁架，以使外柱能充分发挥结构整体抗弯作用。

4．中庭水平桁架

在多功能的高层建筑中，在上部楼层中往往要求设置旅馆或公寓。此类建筑用作公共活动的下部楼层，平面尺寸较大；而用作旅馆或公寓的上部楼层，房间进深较小。因而，在上部楼层需要布置内天井或中庭。为了增加整个结构的抗扭刚度，减小上部楼层的变形，应在中庭的上下两端楼层（有时也在中间的个别楼层）处布置水平桁架。

二、抗侧力构件的竖向布置

（一）基本原则

对于地震区的多高层建筑，抗侧力构件沿高度方向的布置应符合下列原则。

（1）各抗侧力构件所负担的楼层质量沿高度方向无剧烈变化。

（2）沿高度方向，各抗侧力构件（如支撑、剪力墙等）宜连续布置。

（3）由上而下，各抗侧力构件的抗推刚度和承载力逐渐加大，并与各构件所负担的水平剪力、弯矩和轴力成比例地增大。

（4）除底部楼层和外伸刚臂所在楼层外，支撑的形式和布置在竖向宜一致。

（二）竖向不规则结构的判断及处理方法

考虑抗震设防的高层建筑，进行结构的竖向布置时，应该尽量遵守上述的基本原则，高层建筑钢结构沿高度方向符合下列情况之一时，为竖向不规则结构。

（1）相邻楼层质量的比值大于1.5（建筑为轻屋盖时，顶层除外）。

（2）某下一层楼层的抗推刚度（侧向刚度）小于其相邻上一层楼层抗推刚度的70%，或小于其上相邻3个楼层抗推刚度平均值的80%。

（3）任一楼层全部抗侧力构件按实际截面和材料强度标准值计算所得的总受剪承载力小于相邻上一层受剪承载力的80%。

（4）结构中的主要抗侧力构件在某一楼层（转换层）中断或转换为其他类型的抗侧力构件，导致抗侧力构件（柱、抗震墙、支撑等）的内力经由水平转换构件（梁、桁架等）向下传递的竖向不连续。

目前，世界各地高层建筑都在向多功能方向发展，将多种使用功能集中于同一幢大楼中，进一步提高大楼的经济效益和社会效益。就是说，在同一幢大楼内，上部布置公寓或旅馆，下部布置娱乐中心或展销大厅，地下室布置停车场。由于不同使用功能对楼面使用空间要求不同，各楼层的结构布置也就不同，从而出现竖向不规则结构对于这种情况，进行结构地震作用效应计算时，应该采用考虑多种影响因素的精细分析法，而且最好对结构进行弹塑性时程分析，合理确定柔弱楼层的塑性变形集中效应，并采取增大柔弱楼层结构延性的措施，提高其变形能力。

（三）设置型钢混凝土结构过渡层

出于建筑使用功能和结构抗倾覆稳定的需要，在钢结构高层建筑中，一般均设置地下室。地下室通常又都采用钢筋混凝土剪力墙体系或框—墙体系，楼层抗推刚度极大，而地面以上部分所采用的钢结构，楼层抗推刚度要小得多，以致从地下到地上，楼层刚度发生突变，从而使楼房的底层或底部几层形成相对柔弱楼层，很不利于抗震。这时，可将与刚性地下室相衔接的底层或底部二、三层改用型钢混凝土结构（SRC），在地下室与上部钢结构之间形成一个具有较大抗推刚度的过渡层，以减缓楼层刚度的变化幅度，缩小相对柔弱楼层塑性变形集中效应，改善整个结构的耐震性能，提高结构的抗震可靠度。

第六节　竖向承重构件的布置

一、柱网形式

柱网形式和柱距是根据建筑使用要求而定。高层建筑的竖向承重构件大致可分为如下3种布置方式。

（一）方形柱网

以沿建筑纵、横两个主轴方向的柱距相等的方式布置柱子所形成的柱网，为方形柱网，如美国休斯敦市的第一印第安纳广场大厦，地上29层，高121 m，就采用了方形柱网。该柱网多用于层数较少、楼层面积较大的楼房。

（二）矩形柱网

为了扩大建筑的内部使用空间，可将承重较轻的次梁的跨度加大的方式布置柱子所形成的柱网，为矩形柱网，如日本东京的东邦人寿保险总社大厦，地上32层，高131 m，采用了6.0 m×13.7 m的矩形柱网。

（三）周边密柱型柱网

层数很多的塔楼，内部采用框架或芯筒，外围则采用密柱深梁型的钢框筒（框筒的柱距多为3 m左右，楼盖承重钢梁沿径向布置）所形成的柱网，为周边密柱型柱网。

二、柱网尺寸

柱网尺寸一般是根据荷载大小、钢梁经济跨度及结构受力特点等因素确定。

（1）框架梁一般采用"工"字形截面；受力很大时，采用箱形截面。大跨度梁及抽柱楼层的转换层梁，可采用桁架式钢梁。

（2）就"工"字形梁而言，主梁的经济跨度为2～12 m，次梁的经济跨度为8～15 m。

（3）对于建筑外圈的钢框筒，为了不使剪力滞后效应过大而影响框筒空间工作性能的充分发挥，柱距多为3～4.5 m。

三、钢柱截面形式

高层建筑需要承担风荷载、地震作用产生的侧力，框架柱在承受竖向重力荷载的同时，还要承受单向或双向弯矩。因此，确定钢柱的截面形式时，应根据它是作为承受侧力的主框架柱，还是仅承受重力荷载的次框架柱而定。

（一）常用截面形式

多高层房屋钢结构钢柱常用的截面形式有H形截面、方管截面、圆管截面和"十"字形截面。

（二）截面常用情况

H形截面又分轧制宽翼缘H型钢和焊接H型钢两种。轧制宽翼缘H型钢是高层建筑钢框架柱最常用的截面形式；焊接H型钢是按照受力要求采用厚钢板焊接而成的组合截面，用于承受很大荷载的柱。H形截面性能有强、弱轴之分。

方（矩）管截面也有轧制方（矩）形钢管和焊接方（矩）形钢管两种截面。在工程中，常用焊接方（矩）形钢管。轧制方（矩）形钢管，由于尺寸较小、规格较少、价格较高，在高层钢结构中很少采用。方（矩）管截面性能无强、弱轴之分。

圆管截面同样可分为轧制圆形钢管和焊接圆形钢管两种截面。轧制圆形钢管，同样由于尺寸较小、规格较少、价格较高，在高层钢结构中很少采用。在工程中，常用钢板卷制焊接而成的焊接圆形钢管圆形钢管多用于轴心或偏心受压的钢管混凝土柱。

"十"字形截面都是焊接组合而成，常用形式有两种"一种是由4个角钢拼焊而成的"十"字形截面；另一种是由一个窄翼缘H型钢和两个剖分T型钢拼焊而成的带翼缘"十"字形截面。前者多用于仅承受较小重力荷载的次框架中的轴向受压柱，特别适用于隔墙交叉点处的柱（与隔墙连接方便，而且不外露）；后者多用于型钢混凝土结构柱，以及由底部钢筋混凝土结构向上部钢柱转换时的过渡层柱。

第七节 削减结构地震反应的措施

一、避开地震动卓越周期

进行结构方案设计时，应综合考虑场地周期与建筑物周期的关系，使建筑周期与地震动卓越周期错开较大的距离。

二、加大结构阻尼

由于结构阻尼可以削减结构地震反应的峰值，所以从削减地震反应这一角度出发，应设法加大高层建筑钢结构的阻尼比。常采用下列方法。

（1）增设黏弹性阻尼器等附加阻尼装置；

（2）在钢框架或钢框筒中嵌入钢筋混凝土墙板，钢结构和钢筋混凝土结构的弹性阻尼比分别为2%和5%；

（3）在框架—支撑体系中可采用连接节点摩擦耗能或构件非弹性性能的特殊连接装置；

（4）在巨型结构体系中，可采用悬挂次体系等特殊处理方式。

三、提高结构延性

选用延性比较大的材料，加大结构延性，可以减小作用于结构上的等效地震力。

四、采用有效的隔震方法

传统的结构抗震设计，是利用结构的强度和变形能力来抵御所受到的地震力和耗散地震能力，这是直接对抗地震的被动防震方法。近期得到较快发展的结构隔震设计，是利用隔震装置来控制和阻隔地震对结构的作用，从而大幅度地减小结构所受到的地震力，并使地震力大致定量在某一水平上。隔震设计避开了地震对结构的直接冲击，是一种以柔克刚的主动防震方法。高层建筑隔震设计常采用下列方法。

（一）软垫隔震

在结构底部与地基（或人工地基）之间，设置若干个带铅芯钢板橡胶块或砂垫层、滑板之类的软垫层。地震时，结构底部与地基之间产生较大的相对水平位移，结构自振周期加长。由于水平变形集中发生于软垫块处，使上部结构的层间侧移变得很小，从而保护结构免遭破坏。

（二）摆动隔震

摆动隔震是"柔弱底层能减轻上部结构地震力"概念的延伸和发展。它是将整个结构底部支承在上下两端呈球面状的可摆动的短柱群上。地震时，利用短柱群的大幅度摆动，使上部结构各楼层的层间侧移变得很小，从而达到减震的效果。

第八节　楼盖结构的选型与布置

一、楼盖结构的选型原则

多高层钢结构房屋的楼盖应符合下列要求。

（1）宜采用压型钢板现浇钢筋混凝土组合楼板或钢筋混凝土楼板，并应与钢梁有可靠连接。

（2）对于高度不超过50 m的多高层钢结构，6度、7度时尚可采用装配整体式钢筋混凝土楼板，也可采用装配式楼板或其他轻型楼盖，但应将楼板预埋件与钢梁焊接，或采取其他保证楼盖整体性的措施。

（3）对转换层楼盖或楼板有大洞口等情况，必要时可设置水平钢支撑。

（4）建筑物中有较大的中庭时，可在中庭的上端楼层用水平桁架将中庭开口连接，或采取其他增强结构抗扭刚度的有效措施。

二、钢—混凝土组合楼盖的类型及其组成

在多高层钢结构房屋建筑中，常采用钢—混凝土组合楼盖该楼盖按楼板形式可分为如下4种类型。

（一）现浇钢筋混凝土板组合楼盖

这类组合楼盖是在钢梁上现浇钢筋混凝土楼板而形成。在现场现浇混凝土楼板，需要搭设脚手架、安装模板及支架、绑扎钢筋、浇灌混凝土及拆除模板等作业，造成大量后继工程不能迅速开展，使钢结构的施工速度快、工业化程度高等优点不能充分体现。因此，在多高层钢结构工程中，现已较少采用该类组合楼盖。

（二）预制钢筋混凝土板组合楼盖

该组合楼盖是将预制钢筋混凝土楼板，支承于已焊有栓钉连接件的钢梁上，然后用细石混凝土浇灌槽口（在有栓钉处混凝土板边缘所留）和板缝而形成。由于该类组合楼盖整体刚度较差，因此在高度超过50 m且设防烈度超过7度时的高层钢结构中不宜采用。

（三）预应力叠合板组合楼盖

这种组合楼盖是先将预制的预应力钢筋混凝土薄板（厚度不小于40 mm）铺在钢梁上，然后在其上现浇混凝土覆盖层（此时的预制混凝土板作为模板使用），待覆盖层混凝土凝固后与预制的预应力钢筋混凝土板及钢梁共同形成组合楼盖。当能保证楼板与钢梁有可靠连接时，方可考虑该类组合楼盖用于多高层钢结构之中。

（四）压型钢板—钢筋混凝土板组合楼盖

该类组合楼盖是利用成型的压型钢板铺设在钢梁上，通过纵向抗剪连接件与钢梁上翼缘焊牢，然后在压型钢板上现浇混凝土（或轻质混凝土）构成。该组合楼盖不仅具有，优良的结构性能与合理的施工工序，而且综合经济效益显著，优于其他组合楼盖，是较理想的组合楼盖体系。因此，该类组合楼盖在多高层钢结构建筑中应用最广，是多高层钢结构楼盖的主要结构形式。

三、钢梁的布置

楼盖钢梁的布置应考虑以下几条原则。

（1）钢梁应成为结构体系中各抗侧力构件的连接构件，以便更充分地发挥结构体系的整体空间作用。所以，每根钢柱在纵、横方向均应有钢梁与之可靠连接，以减小柱的计算长度，保证柱的侧向稳定。例如，在筒中筒体系中，内框筒的每根钢柱均应有钢梁与外框筒钢柱相连接。

（2）将较多的楼盖自重直接传递至抵抗倾覆力矩而需较大竖向荷载作为平衡重的竖杆件。一般而言，主梁应与竖杆件直接相连。主梁的布置应使结构体系中的外柱承担尽可能多的楼盖重力荷载，在框筒体系中，框筒角柱出现高峰轴向拉应力，需要利用较大的竖向荷载来平衡。所以，应在楼层平面四角，沿对角线方向布置斜主梁，承托沿纵横方向布置的次梁。

（3）钢梁的间距应与所采用楼板类型的经济跨度相协调。在钢结构高层建筑中应用较多的压型钢板混凝土楼板，其经济跨度为3～4 m。

四、减轻楼盖自重的途径

多高层建筑（特别是超高层建筑），由于层数多、房屋的总重大、重心高，至少会在两个方面造成不利影响。

位于地震区时，自重大，水平地震剪力就大（地震作用的大小几乎与建筑自重成正比）；重心高，水平地震力引起的地震倾覆力矩就大，使框架柱产生很大附加轴力，从而增大构件截面。

位于深厚软弱地基上时，由于作用于地基单位面积上的荷载很大，往往需要设置超长桩，增加了基础设计和施工的难度，并使基础造价大幅度增长。因此，在建筑结构设计中，应尽可能地减轻房屋自重。

在高层钢结构建筑中，外墙多采用金属或玻璃幕墙，内隔墙多采用轻质板材它们的自重均较小，唯独楼盖自重较大。在地上部分的总重之中，各层楼盖的自重占40%以上。所以，欲减轻房屋自重，减小楼盖自重是主要的也是最佳的途径。

由于楼盖结构由梁、板构成，减轻楼盖自重可从减轻梁、板自重两方面考虑。现将其主要方法介绍如下。

（一）减轻钢梁自重的方法

1. 减小主梁高度

由约瑟夫·克拉科提出的采用填块—主梁楼盖结构系统可达到减小主梁高度的目的。该系统是在钢主梁上焊接很多短型钢构件（称为填块），填块与压型钢板—混凝土组合楼板通过抗剪连接件连接。

该楼盖结构系统的主要优点是：

（1）由于主梁与压型钢板—混凝土组合板间有填块，其组合楼板的惯性矩可以大大增加，从而可采用较矮的主梁。

（2）主梁与压型钢板—混凝土组合板之间固有的空间，可以布置各种电气、设备等管线。

（3）由于梁高降低了，而且又把各种管线放入结构空间，可以减少楼层高度（可降低150～250 mm）。其结果是，大大节约了钢材以及幕墙、电梯、机电设备等管线所用的材料。一般在楼盖系统中减少结构用钢量约25%，降低楼盖系统的总造价约15%。

填块—主梁楼盖结构目前主要用于美国和加拿大的高层建筑工程中，在几十个工程实例中均收到节约结构用钢量和降低工程造价的显著经济效果。

2．使用桁架钢梁

使用桁架钢梁的主要优点是：

（1）减少梁腹板用钢量，从而节约钢材，减轻楼盖自重，降低造价。

（2）高层建筑中的纵向管线设备可以直穿钢梁，而无需像采用实腹钢梁那样在梁腹板开洞或管线置于梁下，从而减少加工费用或降低层高，进而降低造价。

（3）便于吊顶龙骨的构造处理或连接。

总之，众多因素均决定了该楼盖结构可以显著减少用钢量和降低工程总造价，是一种经济适用的楼盖体系。美国印第安纳标准石油大厦和我国上海中国保险大厦均采用该楼盖体系，并获得显著的经济效果。

3．采用蜂窝梁

采用蜂窝梁的优点与桁架钢梁—钢混凝土组合楼盖相似，故不赘述。

（二）减轻楼板自重的方法

1．使用轻骨料混凝土

在混凝土的自重之中，粗骨料所占比例很大。选用容重较小的粗骨料，可显著减轻混凝土的自重。工程实践经验表明，采用黏土陶粒、粉煤灰陶粒、火山渣或浮石作为骨料配制而成的混凝土，容重约为18 kN/m^2，比普通混凝土约减轻自重25%。因此，用轻骨料混凝土浇制楼板，就可显著减轻楼板的自重，从而减轻楼盖自重或结构自重。

该方法在美国休斯敦市的贝壳广场大厦和我国沈阳工业大学高层住宅等工程中得以应用，并已显示出显著的经济优势。

2．减小楼板的折实厚度

减轻楼板自重，除了采用轻骨料混凝土外，比较简单易行的方法就是利用一些常用的设计方法和施工手段，来减小楼板的折实厚度。下面介绍几种已在工程中实际应用的做法。

（1）选用密肋楼盖

美国休斯敦市1971年建成的贝壳广场大厦，地上52层，高218 m，采用筒中筒体系，外框筒的柱距为1.8 m。各层楼盖均采用现浇钢筋混凝土密肋板，肋梁的间距也是1.8 m中到中，每根梁都直接搁置在外圈框筒柱上，使构造细部简单，楼板折实厚度减小。

（2）选用无黏结预应力混凝土平板

与普通钢筋混凝土平板相比，采用无黏结预应力混凝土平板可减小板厚50 mm以上，减轻自重20%左右。20世纪90年代初建成的广东国际大厦主楼（地上63层，高197 m），采用无黏结预应力混凝土平板后，减小板厚80 mm，减轻自重26%。

（3）采用压型钢板—混凝土组合楼板

以压型钢板作底模的压型钢板—混凝土组合楼板，呈密肋状，从而具有较薄的折实厚度，可减轻楼盖自重。

采用压型钢板—混凝土组合楼板，可做到合理利用材料，充分发挥各种材料的优势，通常可节省钢材约25%。同时，施工中的压型钢板可作为安装的工作平台和操作平台；采用压型钢板—混凝土组合楼板可省去支、拆模的烦琐作业，大大减少劳动力，并加快施工进度。

（4）使用空心楼板

对于预应力和非预应力现浇钢筋混凝土楼板，均可采用非抽心成空的生产工艺，制成空心楼板。其方法是：在楼板内，顺跨度方向埋置波纹薄钢管或硬纸管，然后浇筑混凝土，从而形成空心板。

据测算，与现浇的普通钢筋混凝土平板相比较，采用预应力或非预应力空心板，可减轻楼板自重30%，降低造价。

在楼盖设计中，若能综合钢梁和楼板的各种优点于同一楼盖结构之中，那将是一种具有优良综合性能和显著经济优势的楼盖体系。

第三章 建筑钢结构节点设计

构件的连接打点是保证钢结构安全可靠的关键部位，对结构的受力性能有着重要影响。节点设计得是否合理，不仅会影响结构承载力的可靠性和安全性，而且会影响构件的加工制作与工地安装的质量，并直接影响结构的造价。因此，节点设计是整个设计工作中的一个重要环节，必须予以足够的重视。

多高层房屋钢结构中，其主要节点包括：梁与柱、梁与梁、柱与柱、支撑与梁柱以及柱脚的连接节点。

第一节 节点设计概述

一、设计原则

（1）多高层建筑钢结构的节点连接，当非抗震设防时，应按结构处于弹性受力阶段设计；当抗震设防时，应按结构进入弹塑性阶段设计，而且节点连接的承载力应高于构件截面的承载力。

（2）对于要求抗震设防的结构，当风荷载起控制作用时，仍应满足抗震设防的构造要求。

（3）按抗震设计的钢结构框架，在强震作用下塑性区一般会出现在距梁端（柱贯通型梁—柱节点）或柱端（梁贯通型梁—柱节点）算起的1/10跨长或2倍截面高度范围内为考虑构件进入全塑性状态仍能正常工作，节点设计应保证构件直至发生充分变形时节点不致破坏，应验算下列各项：

①节点连接的最大承载力。

②构件塑性区的板件宽厚比。

③受弯构件塑性区侧向支撑点间的距离。

④梁—柱节点域中柱腹板的宽厚比和抗剪承载力。

（4）构件节点、杆件接头和板件拼装，依其受力条件，可采用全熔透焊缝或部

42

分熔透焊缝。遇下列情况之一时，应采用全熔透焊缝。

①要求与母材等强的焊接连接。

②框架节点塑性区段的焊接连接。

（5）为了焊透和焊满，焊接时均应设置焊接垫板和引弧板。

（6）多高层房屋钢结构承重构件或承力构件（支撑）的连接采用高强度螺栓时，应采用摩擦型连接，以避免在使用荷载下发生滑移，增大节点的变形。

（7）高强度螺栓连接的最大受剪承载力，应按下式计算：

$$N_v^b = 0.58 n_v A_e^b f_u^b$$

式中： N_v^b——一个高强度螺栓的最大受剪承载力；

n_v——连接部位一个螺栓的受剪面数目；

A_e^b——螺栓螺纹处的有效截面面积；

f_u^b——螺栓钢材的极限抗拉强度最小值。

（8）在节点设计中，节点的构造应避免采用约束度大和易使板件产生层状撕裂的连接形式。

二、连接方式

多高层钢结构的节点连接，根据连接方法不同可分为：全焊连接（通常翼缘坡口采用全熔透焊缝，腹板采用角焊缝连接）、栓焊混合连接（翼缘坡口采用全熔透焊缝，腹板则采用高强度螺栓连接）和全栓连接（翼缘、腹板全部采用高强度螺栓连接）。

全焊连接：传力充分，不会滑移，良好的焊接构造与焊接质量，可以为结构提供足够的延性；缺点是焊接部位常留有一定的残余应力。

栓焊混合连接：先用螺栓安装定位，然后翼缘施焊，操作方便，应用比较普遍，试验表明，此类连接的滞回曲线与全焊连接情况相近，但翼缘焊接将使螺栓预拉力平均降低10%左右。因此，连接腹板的高强度螺栓实际预拉应力要留一定富裕。

全栓连接：全部高强度螺栓连接，施工便捷，符合工业化生产模式。但接头尺寸较大，钢板用量稍多，费用较高。强震时，接头可能产生滑移。

在我国的多高层钢结构工程实践中，柱的工地接头多采用全焊连接；梁的工地接头以及支撑斜杆的工地接头和节点，多采用全栓连接；梁与柱的连接多采用栓焊混合连接。

三、安装单元的划分与接头位置

钢框架安装单元的划分，应根据构件自重、运输以及起吊设备等条件确定。

（1）当框架的梁—柱节点采用"柱贯通型"节点形式时，柱的安装单元一般采用三层一根，梁的安装单元通常为每跨一根。

（2）柱的工地接头一般设于主梁顶面以上1.0～1.3 m处，以便安装。

（3）当采用带悬臂梁段的柱单元（树状柱单元）时，悬臂梁段可预先在工厂焊于柱的安装单元上，悬臂梁段的长度（即接头位置）应根据内力较小并能满足设置支撑的需要和运输方便等条件确定。距柱轴线算起的悬臂梁段长度一般取0.9～1.6 m。

（4）框架筒结构采用带悬臂梁段的柱安装单元时，梁的接头可设置在跨中。

第二节　梁—柱连接节点

一、梁—柱节点类型

根据梁、柱的相对位置，梁—柱节点可分为柱贯通型和梁贯通型两种类型。一般情况下，为简化构造和方便施工，框架的梁-柱节点宜采用柱贯通型；当主梁采用箱形截面时，梁—柱节点宜采用梁贯通型。

根据约束刚度不同，梁—柱节点可分为刚性连接（刚性节点）、半刚性连接（半刚性节点）和柔性连接（铰接节点）三大类型。

刚性连接：是指连接受力时，梁—柱轴线之间的夹角保持不变。实际使用中只要连接对转动约束能达到理想刚接的90%以上，即可认为是刚接。工程中的全焊连接、栓焊混合连接以及借助T形铸钢件的全栓连接属此范畴。

柔性连接（铰接）：是指连接受力时，梁—柱轴线之间的夹角可任意改变（无任何约束）。实际使用中只要梁—柱轴线之间夹角的改变量达到理想铰接转角的80%以上（即转动约束不超过20%），即可视为柔性连接。工程中仅在梁腹板使用角钢或钢板通过螺栓与柱进行的连接属此范畴。

半刚性连接：介于以上两者之间的连接，它的承载能力和变形能力同时对框架的承载力和变形都会产生极为显著的影响。工程中借助端板或者借助在梁上、下翼缘布置角钢的全栓连接等形式属此范畴。

44

二、梁—柱刚性节点

（一）刚性节点的构造要求

1．基本要求

（1）柱在两个互相垂直的方向都与梁刚性连接时，宜采用箱形截面；当仅在一个方向与梁刚性连接时，宜采用H形截面，并将柱腹板置于刚接框架平面内。

（2）箱形截面柱或H形截面柱（强轴方向）与梁刚性连接时，应符合下列要求。

①当采用全焊连接、栓焊混合连接方式时，梁翼缘与柱翼缘间应采用坡口全熔透焊缝连接。

②当采用栓焊混合连接方式时，梁腹板宜采用高强度螺栓与柱（借助连接板）进行摩擦型连接。

（3）对于焊接H形截面柱和箱形截面柱，当框架梁与柱刚性连接时，在梁上翼缘以上和下翼缘以下各500 mm节点范围内的H形截面柱翼缘与腹板间的焊缝或箱形截面柱壁板间的拼装焊缝，应采用坡口全熔透焊缝连接。

（4）框架梁轴线垂直于柱翼缘的刚性连接节点，应符合下列要求。

①当框架梁垂直于H形截面柱翼缘，且梁与柱直接相连时，常采用栓焊混合连接。对于非地震区的钢框架，腹板的连接可采用单片连接板和单列高强度螺栓；对于抗震设防钢框架，腹板宜采用双片连接板和不少于两列高强度螺栓连接。

②当框架梁与箱形截面柱进行栓焊混合连接时，在与框架梁翼缘相应的箱形截面柱中，应设置贯通式水平隔板。

③框架梁采用悬臂梁段与柱刚性连接时，悬臂梁段与柱之间应采用全焊连接，并应预先在工厂完成；其悬臂梁段与跨中梁段的现场拼接，可采用全栓连接或栓焊混合连接。

④"工"字形柱的横向水平加劲肋与柱翼缘的连接，应采用坡口全熔透焊缝，与柱腹板的连接可采用角焊缝；箱形柱中的隔板与柱的连接，应采用坡口全熔透焊缝。

（5）梁轴线垂直于H形柱腹板的刚性连接节点，其构造应符合下列要求。

①应在梁上、下翼缘的对应位置设置柱的横向水平加劲肋，且该横向水平加劲肋宜伸出柱外100 mm，以避免加劲肋在与柱翼缘的连接处因板件宽度的突变而破坏。

②水平加劲肋与H形柱的连接，应采用全熔透对接焊缝。

③在梁高范围内，与梁腹板对应位置，在柱的腹板上设置竖向连接板。

④梁与柱的现场连接中，梁翼缘与横向水平加劲肋之间采用坡口全熔透对接焊缝连接；梁腹板与柱上的竖向连接板相互搭接，并用高强度螺栓摩擦型连接。

⑤当采用悬臂梁段时，其悬臂梁段的翼缘与腹板应全部采用全熔透对接焊缝与柱相连，该对接焊缝宜在工厂完成。

⑥柱上悬臂梁段与钢梁的现场拼接接头，可采用高强度螺栓摩擦型连接的全栓连接，或全焊连接，或栓焊混合连接。

（6）当梁与柱的连接采用栓焊混合连接的刚性节点时，其梁翼缘连接的细部构造应符合下列要求。

①梁翼缘与柱的连接焊缝，应采用坡口全熔透焊缝，并按规定设置不小于6 mm的间隙和焊接衬板，且在梁翼缘坡口两侧的端部设置引弧板或引出板。焊接完毕，宜用气刨切除引弧板或引出板并打磨，以消除起、灭弧缺陷的影响。

②为设置焊接衬板和方便焊接，应在梁腹板上、下端头分别做扇形切角，其上切角半径 r 宜取35 mm，并在扇形切角端部与梁翼缘连接处以 r =10～15 mm的圆弧过渡，以减小焊接热影响区的叠加效应；而下切角半径 r 可取20 mm。

③对于抗震设防的框架，梁的下翼缘焊接衬板的底面与柱翼缘相接处，宜沿衬板全长用角焊缝补焊封闭。由于仰焊不便，焊脚尺寸可取6 mm。

（7）节点加劲肋的设置

①当柱两侧的梁高相等时，在梁上、下翼缘对应位置的柱中腹板，应设置横向（水平）加劲肋（H形截面柱）或水平加劲隔板（箱形截面柱），且加劲肋或加劲隔板的中心线应与梁翼缘的中心线对准，并采用全熔透对接焊缝与柱的翼缘和腹板连接；对于抗震设防的结构，加劲肋或隔板的厚度不应小于梁翼缘的厚度，对于非抗震设防或6度设防的结构，其厚度可适当减小，但不得小于梁翼缘厚度的一半，并应符合板件宽厚比限值。

②当柱两侧的梁高不相等时，每个梁翼缘对应位置均应设置柱的水平加劲肋或隔板。为方便焊接，加劲肋的间距不应小于150 mm，且不应小于柱腹板一侧的水平加劲肋的宽度；因条件限制不能满足此要求时，应调整梁的端部宽度，此时可将截面高度较方、的梁腹板高度局部加大，形成梁腋，但腋部翼缘的坡度不得大于1：3；或采用有坡度的加劲肋。

③当与柱相连的纵梁和横梁的截面高度不等时，同样也应在纵梁和横梁翼缘的对应位置分别设置水平加劲肋。

（8）不设加劲肋的条件。

①对于非抗震设防框架，当梁与柱采用全焊或栓焊混合连接方式所形成的刚性节点，在梁的受压翼缘处，柱的腹板厚度 t_w 同时满足下式两个条件时，可不设水平加劲肋。

$$t_w \geqslant \frac{A_{fc} f_b}{l_z f_c}$$

$$t_w \geqslant \frac{h_c}{30} \sqrt{\frac{f_{yc}}{235}}$$

$$l_z = t_f + 5h_y, \quad h_y = t_{fc} + R$$

②在梁的受拉翼缘处，柱的翼缘板厚度 t_c 满足下式的条件时，可不设水平加劲肋。

$$t_c \geqslant 0.4 \sqrt{\frac{A_{ft} f_b}{f_c}}$$

式中： A_{fc}, A_{ft} ——梁受压翼缘、受拉翼缘的截面面积；

t_f ——梁受压翼缘的厚度；

l_z ——柱腹板计算高度边缘压力的假想分布长度；

h_y ——与梁翼缘相连一侧柱翼缘外表面至柱腹板计算高度边缘的距离；

t_{fc} ——柱翼缘的厚度；

R ——柱翼缘内表面至腹板弧根的距离，或腹板角焊缝的厚度；

h_c ——柱腹板的截面高度；

f_b ——梁钢材的抗拉、抗压强度设计值；

f_{yc}, f_c ——柱钢材的屈服强度和抗拉强度设计值。

（9）水平加劲肋的连接

①与H形截面柱的连接。当梁轴线垂直于H形柱的翼缘平面时，在梁翼缘对应位置设置的水平加劲肋与柱翼缘的连接，抗震设计时，宜采用坡口全熔透对接焊缝；非抗震设计时，可采用部分熔透焊缝或角焊缝。当梁轴线垂直于H形柱腹板平面时，水平加劲肋与柱腹板的连接则应采用坡口全熔透焊缝。

②与箱形截面柱的连接。对于箱形截面柱，应在梁翼缘对应位置的柱内设置水平（横）隔板，其板厚不应小于梁翼缘的厚度；水平隔板与柱的焊接，应采用坡口全熔透对接焊缝。当箱形柱截面较小时，为了方便加工，也可在梁翼缘的对应位置，沿箱形柱外圈设置水平加劲环板，并应采用坡口全熔透对接焊缝直接与梁翼缘焊接。

对无法进行手工焊接的焊缝，应采用熔化嘴电渣焊。由于这种焊接方法产生的热量较大，为了较小焊接变形，电渣焊缝的位置应对称布置，并应同时施焊。

2. 改进梁—柱刚性连接抗震性能的构造措施

为避免在地震作用下梁—柱连接处的焊缝发生破坏，宜采用能使塑性铰自梁端外移的做法，其基本措施有两类：一是翼缘削弱型，二是梁端加强型。前者是通过在距梁端一定距离处，对梁上、下翼缘进行切削切口或钻孔或开缝等措施，以形成薄弱截面，达到强震时梁的塑性铰外移的目的；后者则是通过在梁端加焊楔形盖板、竖向肋板、梁腋、侧板，或者局部加宽或加厚梁端翼缘等措施，以加强节点，达到强震时梁的塑性铰外移的目的。下面列出两种抗震性能较好的梁—柱节点。

（1）削弱型（骨形式）节点

骨形连接节点属于梁翼缘削弱型措施范畴，其具体做法是：在距梁端一定距离（常取150 mm）处，对梁上、下翼缘的两侧进行弧形切削（切削面应刨光，切削后的翼缘截面面积不宜大于原截面面积的90%，并能承受按弹性设计的多遇地震下的组合内力），形成薄弱截面，使强震时梁的塑性铰外移。建议在8度Ⅲ、Ⅳ类场地和9度时采用该节点。

（2）加强型（梁端盖板式）节点

梁端盖板式节点属于梁端加强型措施范畴，其具体做法是：在框架梁端的上、下翼缘加焊楔形短盖板，先在工厂采用角焊缝焊于梁的翼缘，然后在现场采用坡口全熔透对接焊缝与柱翼缘焊接。楔形短盖板的厚度不宜小于8 mm，其长度宜取$0.3 h_b$，并不小于150 mm，一般取150～180 mm。

（二）刚性节点的承载力验算

钢梁与钢柱的刚性连接节点，一般应进行抗震框架节点承载力验算、连接焊缝和螺栓的强度验算、柱腹板的抗压承载力验算、柱翼缘的受拉区承载力验算、梁—柱节点域承载力验算5项内容。

1. 抗震框架节点承载力验算

（1）"强柱弱梁"型节点承载力验算

为使框架在水平地震作用下进入弹塑性阶段工作时，避免发生楼层屈服机制，实现总体屈服机制，以增大框架的耗能容量，因此框架柱和梁应按"强柱弱梁"的原则设计。为此，柱端应比梁端有更大的承载力储备。对于抗震设防的框架柱，在框架的任一节点处，汇交于该节点的位于验算平面内的各柱截面的塑性抵抗矩和各梁截面的塑性抵抗矩宜满足下式要求：

等截面梁

$$\sum W_{pc}\left(f_{yc} - N/A_c\right) \geqslant \eta \sum W_{pc} f_{yb}$$

端部翼缘变截面的梁

$$\sum W_{pc}\left(f_{yc} - N/A_c\right) \geqslant \sum \left(\eta W_{pb1} f_{yb} + V_{bp} s\right)$$

式中，W_{pc}，W_{pb}——计算平面内交汇于节点的柱和梁的截面塑性抵抗矩；

W_{pb1}——梁塑性铰所在截面的梁塑性截面模量；

f_{yc}，f_{yb}——柱和梁钢材的屈服强度；

N——按多遇地震作用组合计算出的柱轴向压力设计值；

A_c——框架柱的截面面积；

η——强柱系数，一级取1.15，二级取1.10，三级取1.05；

V_{pb}——梁塑性铰剪力；

s——塑性铰至柱面的距离，塑性铰位置可取梁端部变截面翼缘的最小处。

当符合下列条件之一时，可不遵循"强柱弱梁"的设计原则（即不需满足相关要求）：

①柱所在层的受剪承载力比上一层的受剪承载力高出25%；

②柱轴压比不超过0.4；

③柱作为轴心受压构件，在2倍地震力作用下的稳定性仍能得到保证时，即 $N_2 \leqslant \varphi A_c f$（$N_2$ 为2倍地震作用下的组合轴力设计值）；

④与支撑斜杆相连的节点。

在罕遇地震作用下不可能出现塑性位的部分，框架柱和梁当不满足相关要求时，则需控制柱的轴压比。

（2）"强连接、弱杆件"型节点承载力验算

①节点承载力验算式。对于抗震设防的多高层钢框架结构，当采用柱贯通型节点时，为确保"强连接、弱杆件"耐震设计准则的实现，其节点连接的极限承载力应满足下述要求：

$$M_u \geqslant \eta_j M_p$$

$$V_u \geqslant 1.2\left(2M_p / l_n\right) + V_{Gb}, \quad \text{且 } V_u \geqslant 0.58 h_w t_w f_{ay}$$

式中：M_u——梁上、下翼缘坡口全熔透焊缝的极限受弯承载力；

V_u——梁腹板连接的极限受剪承载力，当垂直于角焊缝受剪时可提高1.22倍；

M_p——梁构件（梁贯通时为柱）的全塑性受弯承载力；

l_n——梁的净跨；

h_w、t_w——梁腹板的截面高度与厚度；

f_{ay}——钢材的屈服强度；

V_{Gb}——梁在重力荷载代表值（9度时高层建筑还应包括竖向地震作用标准值）作用下，按简支梁分析的梁端截面剪力设计值；

η_j——连接系数。

在柱贯通型连接中，当梁翼缘用全熔透焊缝与柱连接并采用引弧板时，将自行满足。

②极限承载力计算式。对于全焊连接，其连接焊缝的极限受弯承载力 M_u 和极限受剪承载力 V_u，应按下述两式计算：

$$M_u = A_f \left(h - t_f \right) f_u$$

$$V_u = 0.58 A_f^w f_u$$

式中：t_f，A_f——钢梁的一块翼缘板厚度和截面面积；

h——钢梁的截面高度；

A_f^w——钢梁腹板与柱连接角焊缝的有效截面面积；

f_u——对接焊缝极限抗拉强度（按相关规定取值）。

对于栓焊混合连接，其梁上、下翼缘与柱对接焊缝的极限受弯承载力 M_u 和竖向连接板与柱面之间的连接角焊缝极限受剪承载力 V_u，仍然分别按上述两公式计算；但竖向连接板与梁腹板之间的高强度螺栓连接极限受剪承载力 V_u，应取下述两种计算的较小者。

螺栓受剪

$$V_u = 0.58 n n_f A_e^b f_u^b$$

钢板承压

$$V_u = n d \left(\sum t \right) f_{cu}^b$$

式中：n，n_f——接头一侧的螺栓数目和一个螺栓的受剪面数目；

f_u^b，f_{cu}^b——螺栓钢材的抗拉强度最小值（按相关规定取值）和螺栓连接钢板的极限承压强度，取 $1.5 f_u$（f_u 为连接钢板的极限抗拉强度最小值）。

③全塑性受弯承载力计算式。对于梁构件全塑性受弯承载力计算式按下列方法

进行：

当不计轴力时

$$M_p = W_p f_{ay}$$

当计及轴力时 M_p 应以 M_{pc} 代替，并应按下列规定计算：

对"工"字形截面（绕强轴）和箱形截面

当 $N / N_y \leqslant 0.13$ 时

$$M_{pc} = M_p$$

当 $N / N_y > 0.13$ 时

$$M_{pc} = 1.15 \left(1 - N / N_y \right) M_p$$

对"工"字形截面（绕弱轴）

当 $N / N_y \leqslant A_{wn} / A_n$ 时

$$M_{pc} = M_p$$

当 $N / N_y > A_{wn} / A_n$ 时

$$M_{pc} = \left[1 - \left(\frac{N - A_{wn} f_y}{N_y - A_{wn} f_y} \right)^2 \right] M_p$$

式中： N ——构件轴力；

N_y ——构件的轴向屈服承载力；

A_n ——构件截面的净面积；

A_{wn} ——构件腹板截面净面积。

2．连接焊缝和螺栓的强度验算

"工"字形梁与"工"字形柱采用全焊接连接时，可按简化设计法或精确设计法进行计算。当主梁翼缘的受弯承载力大于主梁整个截面承载力的70%时，即 $bt_f \left(h - t_f \right) > 0.7 W_p$ ，可采用简化设计法进行连接承载力设计；当小于70%时，应考虑按精确设计法设计。

51

（1）简化设计法

简化设计法是采用梁的翼缘和腹板分别承担弯矩和剪力的原则，计算比较简便，对高跨比适中或较大的情况是偏于安全的。

①当采用全焊接连接时，梁翼缘与柱翼缘的坡口全熔透对接焊缝的抗拉强度应满足下式的要求：

$$\sigma = \frac{M}{b_{\text{eff}} t_f \left(h - t_f \right)} \leqslant f_f^w$$

梁腹板角焊缝的抗剪强度应满足：

$$\tau = \frac{V}{2 h_e l_w} \leqslant f_f^w$$

式中：M，V ——梁端的弯矩设计值和剪力设计值；

$\quad\quad h$，t_f ——梁的截面高度和翼缘厚度；

$\quad\quad b_{\text{eff}}$ ——对接焊缝的有效长度；

$\quad\quad h_e$，l_w ——角焊缝的有效厚度和计算长度；

$\quad\quad f_f^w$ ——对接焊缝的抗拉强度设计值，抗震设计时，应除以抗震调整系数0.9；

②当采用栓焊混合连接时，翼缘焊缝的计算仍用全焊接连接计算式，梁腹板高强度螺栓的抗剪强度应满足

$$N_v = \frac{V}{n} \leqslant 0.9 \left[N_v^b \right]$$

式中：n ——梁腹板上布置的高强度螺栓的数目；

$\quad\quad \left[N_v^b \right]$ ——一个高强度螺栓抗剪承载力的设计值；

$\quad\quad 0.9$ ——考虑焊接热影响的高强度螺栓预拉力损失系数。

（2）精确设计法

当梁翼缘的抗弯承载力小于主梁整个截面全塑性抗弯承载力的70%时，梁端弯矩可按梁翼缘和腹板的刚度比进行分配，梁端剪力仍全部由梁腹板与柱的连接承担。

$$M_f = M \cdot \frac{I_f}{I}$$

$$M_w = M \cdot \frac{I_w}{I}$$

式中：M_f，M_w ——梁翼缘和腹板分担的弯矩；

$\quad\quad I$ ——梁全截面的惯性矩；

$\quad\quad I_f$，I_w ——梁翼缘和腹板对梁截面形心轴的惯性矩。

当"工"字形柱在弱轴方向与梁连接时,其计算方法与柱在强轴方向连接相同,梁端弯矩通过柱水平加劲板传递,梁端剪力由与梁腹板连接的高强度螺栓承担。

三、梁—柱半刚性节点

(一)半刚性节点的构造要求

对于非地震区的多高层钢框架结构,其梁—柱节点的半刚性连接常采用如下两种构造形式。

1．端板连接式节点

该类节点主要通过焊于梁端的端板与柱翼缘或柱腹板采用高强度螺栓摩擦型连接。当与柱腹板连接时,在柱腹板的另一侧应加焊一块补强钢板,以取代梁上下翼缘高度处在柱腹板上所设置的水平加劲肋。

2．角钢连接式节点

该类节点是在梁端上、下翼缘处设置角钢,并采用高强度螺栓将角钢的两肢分别与柱和梁进行摩擦型连接,由于角钢受力后发生弯曲变形,易使节点产生一定的转角。为了增强角钢的刚度,宜在角钢中增设竖向加劲板。

(二)半钢性节点的承载力验算

对于梁与柱利用端板进行的半刚性连接,当端板厚度较小、变形较大时,端板出现附加撬力和弯曲变形。此时,位于梁翼缘附近的端板的受力状况与T形连接件相似。因此,完全可将位于梁上、下翼缘附近的端板分离出来,形同两个T形连接件进行分析计算。

由于端板尺寸和连接螺栓直径均会影响连接节点的承载能力,而且端板尺寸和螺栓直径又是相互影响和制约的。因此,随着端板和螺栓刚度的强弱变化,会出现不同的失效机构。

端板和螺栓等刚度时的受力与失效(破坏)机构,端板和螺栓同时失效,它们的承载力均得到充分利用此时由于端板和螺栓具有相同的刚度,所以在计算中两者的变形均应考虑,不得忽略。其承载力验算宜按下列方法进行:

螺栓抗拉承载力

$$N_t^b = T + Q \leqslant 0.8P, \quad T = \frac{M}{2h_b}$$

端板 $A-A$ 截面抗弯承载力

$$M_A = Qc \leqslant M_{AP}$$

端板 $B-B$ 截面抗弯承载力

$$M_B = N_t^b a - Q(c+a) \leqslant M_{BP}$$

式中： M ——梁端弯矩；

h_b ——梁上、下翼缘板中面之间的距离：

P ——高强度螺栓的预拉力；

M_{AP} 、 M_{BP} ——端板一截面全塑性弯矩；

四、梁—柱柔性节点

（一）柔性连接的构造要求

由连接角钢或连接板通过高强度螺栓仅与梁腹板的连接（摩擦型或承压型），可视为柔性连接。其竖向连接板的厚度不应小于梁腹板的厚度，连接螺栓不应少于3个。

对于加宽的外伸连接板，应在连接板上、下端的柱中部位设置水平加劲肋。该加劲肋与H形柱腹板及翼缘之间可采用角焊缝连接。

（二）柔性连接（铁接）的承载力验算

对于梁与柱采用铰接连接时，与梁腹板相连的高强度螺栓，除应承受梁端剪力外，尚应承受支承点的反力对连接螺栓所产生的偏心弯矩的作用。按弯矩和剪力共同作用下设计计算即可。

第三节　梁—梁连接节点

梁—梁连接主要包括主梁之间的拼接节点、主梁与次梁间的连接节点以及主梁与水平隔撑的连接节点等。

一、构造要求

（一）主梁的接头

主梁的拼接点应位于框架节点塑性区段以外，尽量靠近梁的反弯点处。主梁的接头主要用于柱外悬臂梁段与中间梁段的连接，可采用全栓连接、焊栓混合连接、全焊连接的接头形式。工程中，全栓连接和焊栓混合连接两种形式较常应用。

1. 全栓连接

梁的翼缘和腹板均采用高强度螺栓摩擦型连接，拼接板原则上应双面配置。

梁翼缘采取双面拼接板时，上、下翼缘的外侧拼接板厚度 $t_1 \geq t_1/2$，内侧拼接板厚度 $t_2 \geq t_f B/(4b)$；当梁翼缘宽度较小，内侧配置拼接板有困难时，也可仅在梁的上、下翼缘的外侧配置拼接板，拼接材料的承载力应不低于所拼接板件的承载力。

梁腹板采取双面拼接板时，其拼接板厚度 $t_{w1} \geq t_w h_w/(2h_{w1})$，且不应小于6 mm。式中 t_w、h_w 分别为梁腹板的厚度和高度；h_{w1} 为拼接板的宽度（顺梁高方向的尺寸）。

2. 焊栓混合连接

梁的翼缘采用全熔透焊缝连接，腹板用高强度螺栓摩擦型连接。

3. 全焊连接

梁的翼缘和腹板均采用全熔透焊缝连接。

（二）主梁与次梁的连接

主梁与次梁的连接一般采用简支连接。当次梁跨度较大、跨数较多或荷载较大时，为了减小次梁的挠度，次梁与主梁可采用刚性连接。

1. 简支连接

主梁与次梁的简支连接，主要是将次梁腹板与主梁上的加劲肋（或连接角钢）用高强度螺栓相连。当连接板为单板时，其厚度不应小于梁腹板的厚度；当连接板为双板时，其厚度宜取梁腹板厚度的0.7倍。

当次梁高度小于主梁高度一半时，可在次梁端部设置角撑，与主梁连接，或将主梁的横向加劲肋加强，用以阻止主梁的受压翼缘侧移，起到侧向支撑的作用。

次梁与主梁的简支连接，按次梁的剪力和考虑连接偏心产生的附加弯矩设计连接螺栓。

2. 刚性连接

次梁与主梁的刚性连接，次梁的支座压力仍传给主梁，支座弯矩则在两相邻跨的次梁之间传递。

次梁上翼缘用拼接板跨过主梁相互连接，或次梁上翼缘与主梁上翼缘垂直相交焊接。由于刚性连接构造复杂，且易使主梁受扭，故较少采用。

次梁与主梁的刚性连接，可采用全栓连接或栓焊混合连接。

（三）主梁的水平隅撑

按抗震设防时，为防止框架横梁的侧向屈曲，在节点塑性区段应设置侧向支撑构件或水平隅撑。

对于一般框架，由于梁上翼缘和楼板连在一起，所以只需在距柱轴线1/8～1/10梁跨处的横梁下翼缘设置侧向隅撑即可；对于偏心支撑框架，在消能梁段端部的横梁上、下翼缘处，均应设置侧向隅撑，但仅能设置在梁的一侧，以免妨碍消能梁段竖向塑性变形的发展。

为使隅撑能起到支撑两根横梁的作用，侧向隅撑的长细比不得大于 $130\sqrt{235}/f_y$ 。

（四）梁腹板开孔的补强

1．开孔位置

梁腹板上的开孔位置，宜设置在梁的跨度中段1/2跨度范围内，应尽量避免在距梁端1/10跨度或梁高的范围内开孔；抗震设防的结构不应在隅撑范围内设孔。

相邻圆形孔口边缘间的距离不得小于梁高，孔口边缘至梁翼缘外皮的距离不得小于梁高的1/4；矩形孔口与相邻孔口间的距离不得小于梁高或矩形孔口长度中之较大值；孔口上下边缘至梁翼缘外皮的距离不得小于梁高的1/4。

2．孔口尺寸

梁腹板上的孔口高度（直径）不得大于梁高的1/2，矩形孔口长度不得大于750mm。

二、承载力验算

（一）梁的接头

1．非抗震设防的结构

当用于非抗震设防时，梁的接头应按内力设计。此时，腹板连接按受全部剪力

56

和所分配的弯矩共同作用计算；翼缘连接按所分配的弯矩设计。

当接头处的内力较小时，接头承载力不应小于梁截面承载力的50%。

2．抗震设防的结构

当用于抗震设防时，为使抗震设防结构符合"强连接，弱杆件"的设计原则，梁接头的承载力应高于母材的承载力，即应符合下列规定。

（1）不计轴力时的验算。对于未受轴力或轴力较小（$N \leqslant 0.13N_y$）的钢梁，其拼接接头的极限承载力应满足下列公式要求：

$$M_u \geqslant \eta_j M_p \text{ 且 } V_u \geqslant 0.58h_w t_w f_{ay}$$

$$M_u = A_f(h-t_f)f_u, \quad M_p = W_p f_{ay}$$

钢梁的拼接接头为全焊连接时，其极限受剪承载力 V_u 为：

$$V_u = 0.58A_f^w f_u$$

钢梁的拼接接头为栓焊混合连接时，其极限受剪承载力 V_u 取下列两式计算结果的较小者：

$$V_u = 0.58nn_f A_e^b f_u^b, \quad V_u = nd\left(\sum t\right)f_{cu}^b$$

式中：t_f，A_f——钢梁的一块翼缘板厚度和截面面积；

h——钢梁的截面高度；

A_f^w——钢梁腹板连接角焊缝的有效截面面积；

f_u——对接焊缝极限抗拉强度；

n，n_f——接头一侧的螺栓数目和一个螺栓的受剪面数目；

f_u^b，f_{cu}^b——螺栓钢材的抗拉强度最小值和螺栓连接钢板的极限承压强度，取 $1.5f_u$（f_u 为连接钢板的极限抗拉强度最小值）。

A_e^b，d——螺纹处的有效截面面积和螺栓杆径；

Σt——同一受力方向的板叠总厚度；

h_w，t_w——钢梁腹板的截面高度与厚度；

W_p，f_{ay}——钢梁截面塑性抵抗矩和钢材的屈服强度。

（2）计轴力时的验算。对于承受较大轴力（$N > 0.13N_y$）的钢梁（设置支撑的框架梁）、"工"字形截面（绕强轴）和箱形截面梁，其拼接接头的极限承载力应满足下列公式要求：

$$M_u \geqslant \eta_j M_p \text{ 且 } V_u \geqslant 0.58 h_w t_w f_{ay}$$

$$M_{pc} = 1.15\left(1 - N / N_y\right)M_p, \quad N_y = A_n f_{ay}$$

式中：N，A_n——钢梁的轴力设计值和净截面面积；

其余字母的含义同前。

（3）钢梁的拼接接头为全栓连接时，其接头的极限承载力还应满足下列公式要求：

翼缘

$$nN_{cu}^b \geqslant 1.2 A_f f_{ay} \text{ 且 } nN_{vu}^b \geqslant 1.2 A_f f_{ay}$$

腹板

$$N_{cu}^b \geqslant \sqrt{(V / n)^2 + \left(N_M^b\right)^2} \text{ 且 } N_{vu}^b \geqslant \sqrt{(V / n)^2 + \left(N_M^b\right)^2}$$

式中：N_M^b——钢梁腹板拼接接头中由弯矩设计值引起的一个螺栓的最大剪力；

V——钢梁拼接接头中的剪力设计值；

n——钢梁翼缘拼接或腹板拼接一侧的螺栓数；

N_{vu}^b，N_{cu}^b——一个高强度螺栓的极限受剪承载力和对应的钢板极限承压承载力；

（二）梁的隔撑

梁的侧向隔撑应按压杆设计，其轴力设计值应按下列两式计算：

一般框架

$$N = \frac{A_f f}{85 \sin \alpha} \sqrt{\frac{f_y}{235}}$$

偏心支撑框架

$$N \geqslant 0.06 \frac{A_f f}{\sin \alpha} \sqrt{\frac{f_y}{235}}$$

式中：A_f——梁上翼缘或下翼缘的截面面积；

f——梁翼缘抗压强度设计值；

α——隅撑与梁轴线的夹角，当梁互相垂直时可取45。

第四节　柱—柱节点

一、接头的构造要求

（一）一般要求

（1）钢柱的工地接头，一般宜设于主梁顶面以上1.0～1.3 m处，以方便安装；抗震设防时，应位于框架节点塑性区以外，并按等强设计。

（2）为了保证施工时能抗弯以及便于校正上下翼缘的错位，钢柱的工地接头应预先设置安装耳板。耳板厚度应根据阵风和其他的施工荷载确定，并不得小于10 mm，待柱焊接好后用火焰喷枪将耳板切除。耳板宜设置于柱的一个主轴方向的翼缘两侧。对于大型的箱形截面柱，有时在两个相邻的互相垂直的柱面上设置安装耳板。

（二）H形柱的接头

H形柱的接头可采用全栓连接、栓焊混合连接、全焊连接。

H形柱的工地接头通常采用栓焊混合连接，此时柱的翼缘宜采用坡口全熔透焊缝或部分熔透焊缝连接；柱的腹板可采用高强度螺栓连接。

当柱的接头采用全焊连接时，上柱的翼缘应开V形坡口，腹板应开K形坡口或带钝边的单边V形坡口焊接。对于轧制H形柱，应在同一截面拼接；对于焊接H形柱，其翼缘和腹板的拼接位置应相互错开不小于500 mm的距离，且要求在柱的拼接接头上、下方各100 mm范围内，柱翼缘和腹板之间的连接采用全熔透焊缝。

当柱的接头采用全栓连接时，柱的翼缘和腹板全部采用高强度螺栓连接。

（三）箱形柱的接头

箱形柱的工地接头应采用全焊连接。

箱形柱接头处的上节柱和下节柱均应设置横隔。其下节箱形柱上端的隔板（盖板），应与柱口齐平，且厚度不宜小于16 mm，其边缘应与柱口截面一起刨平，以便与上柱的焊接垫板有良好的接触面；在上节箱形柱安装单元的下部附近，也应设置上柱横隔板，其厚度不宜小于10 mm，以防止运输、堆放和焊接时截面变形。

在柱的工地接头上、下方各100 mm范围内，箱形柱壁板相互间的组装焊缝应采用坡口全熔透焊缝。

（四）非抗震设防柱的接头

对于非抗震设防的多高层钢结构，当柱的弯矩较小且不产生拉力时，柱接头的上、下端应磨平顶紧，并应与柱轴线垂直，这样处理后的接触面可直接传递25%的压力和25%的弯矩；接头处的柱翼缘可采用带钝边的单边V形坡口"部分熔透"对接焊缝连接，其坡口焊缝的有效深度不宜小于壁厚的1/2。

（五）变截面柱的接头

当柱需要改变截面时，应优先采用保持柱截面高度不变而只改变翼缘厚度的方法；当必须改变柱截面高度时，应将变截面区段限制在框架梁—柱节点范围内，使柱在层间保持等截面。所有变截面段的坡度都不宜超过1：60为确保施工质量，柱的变截面区段的连接应在工厂内完成。

当柱的变截面段位于梁—柱接头位置时，柱的变截面区段的两端与上、下层柱的接头位置应分别设在距梁的上、下翼缘均不宜小于150 mm的高度处，以避免焊缝影响区相互重叠。

箱形柱变截面区段加工件的上端和下端，均应另行设置水平盖板，其盖板厚度不应小于16 mm；接头处柱的端面应抹平，并采用全熔透焊缝。

对于非抗震设防的结构，不同截面尺寸的上、下柱段，也可通过连接板（端板）采用全栓连接。对H形柱的接头，可插入垫板来填补尺寸差；对箱形柱的接头，也可采用端板对接。

（六）箱形柱与"十"字形柱的连接

高层建筑钢结构的底部常设置型钢混凝土（SRC）结构过渡层，此时H形截面柱向下延伸至下部型钢混凝土结构内，即下部型钢混凝土结构内仍采用H形截面；而箱形截面柱向下延伸至下部型钢混凝土结构后，应改用"十"字形截面，以便与混凝土更好地结合。

上部钢结构中箱形柱与下层型钢混凝土柱中的"十"字形芯柱的相连处，应设置两种截面共存的过渡段，其"十"字形芯柱的腹板伸入箱形柱内的长度/应不少于箱形钢柱截面高度 h_c 加200 mm，即要求 $l \geqslant h + 200mm$；过渡段应位于主梁之下，并紧靠主梁。

与上部钢柱相连的下层型钢混凝土柱的型钢芯柱，应沿该楼层全高设置栓钉，以加强它与外包混凝土的黏结。其栓钉间距与列距在过渡段内宜采用150 mm，不大于200 mm；在过渡段外不大于300 mm。栓钉直径多采用19 mm。

（七）"十"字形钢柱的接头

对于非抗震设防的结构，其"十"字形钢柱的接头可采用栓焊混合连接；对有抗震设防要求的结构，其"十"字形钢柱的接头应采用全焊连接。

二、柱接头的承载力验算

（一）非抗震设防结构

柱的工地接头，一般应按等强度原则设计。当拼接处内力很小时，柱翼缘的拼接计算应按等强度设计；柱腹板的拼接计算可按不低于强度1/2的内力设计。

按构件内力设计柱的拼接连接时，"工"字形柱的工地拼接处，弯矩应由柱的翼缘和腹板承受，剪力由腹板承受，轴力则由翼缘和腹板按各自截面面积分担。

（二）抗震设防结构

1. 柱的接头验算

当用于抗震设防时，为使抗震设防结构符合"强连接，弱杆件"的设计原则，柱接头的承载力应高于母材的承载力，即应符合下列规定：

$$N_{cu}^b \geqslant \sqrt{(V/n)^2 + \left(N_M^b\right)^2} \text{ 且 } N_{vu}^b \geqslant \sqrt{(V/n)^2 + \left(N_M^b\right)^2}$$

式中：N_M^b ——柱腹板拼接接头中由弯矩设计值引起的一个螺栓的最大剪力；

V ——柱拼接接头中的剪力设计值；

n ——柱翼缘拼接或腹板拼接一侧的螺栓数；

N_{vu}^b，N_{cu}^b ——一个高强度螺栓的极限受剪承载力和对应的钢板极限承压承载力。

2. 极限承载力计算

柱的受弯极限承载力：

$$M_u = A_f \left(h - t_f\right) f_u$$

柱的拼接接头为全焊连接时，其极限受剪承载力为：

$$V_{\mathrm{u}} = 0.58 A_{\mathrm{f}}^{\mathrm{w}} f_{\mathrm{u}}$$

柱的拼接接头为栓焊混合连接时，其极限受剪承载力取下列两式计算结果的较小者：

$$V_{\mathrm{u}} = 0.58 nn_{\mathrm{f}} A_{\mathrm{e}}^{\mathrm{b}} f_{\mathrm{u}}^{\mathrm{b}}, \quad V_{\mathrm{u}} = nd\left(\sum t\right) f_{\mathrm{cu}}^{\mathrm{b}}$$

式中：t_{f}，A_{f}——钢柱的一块翼缘板厚度和截面面积；

h——钢柱的截面高度；

$A_{\mathrm{f}}^{\mathrm{w}}$——钢柱腹板连接角焊缝的有效截面面积；

f_{u}——对接焊缝极限抗拉强度；

n，n_{f}——接头一侧的螺栓数目和一个螺栓的受剪面数目；

$f_{\mathrm{u}}^{\mathrm{b}}$，$f_{\mathrm{cu}}^{\mathrm{b}}$——螺栓钢材的抗拉强度最小值和螺栓连接钢板的极限承压强度，取 $1.5f$（f_{u} 为连接钢板的极限抗拉强度最小值）；

$A_{\mathrm{e}}^{\mathrm{b}}$，$d$——螺纹处的有效截面面积和螺栓杆径；

$\sum t$——同一受力方向的板叠总厚度。

第五节 钢柱柱脚

一、柱脚形式

多高层钢结构的柱脚，依连接方式的不同可分为埋入式、外包式和外露式三种形式。高层钢结构宜采用埋入式柱脚，六七度抗震设防时也可采用外包式柱脚。对于有抗震设防要求的多层钢结构，应采用外包式柱脚；对非抗震设防或仅需传递竖向荷载的铰接柱脚（如伸至多层地下室底部的钢柱柱脚），可采用外露式柱脚。

二、埋入式柱脚

埋入式柱脚是直接将钢柱底端埋入钢筋混凝土基础、基础梁或地下室墙体内的一种柱脚形式。其埋入方法有两种：一种是预先将钢柱脚按要求组装固定在设计标高上，然后浇注基础或基础梁的混凝土；另一种是预先浇注基础或基础梁的混凝土，并留出安装钢柱脚的杯口，待安装好钢柱脚后，再用细石混凝土填实。

埋入式柱脚的构造比较合理，易于安装就位，柱脚的嵌固容易保证。当柱脚的埋入深度超过一定数值后，柱的全塑性弯矩可传递给基础。

（一）构造要求

（1）埋入式柱脚的埋入深度，对于轻型"工"字形柱，不得小于钢柱截面高度 h_c 的2倍；对于大截面H形钢柱和箱形柱，不得小于钢柱截面高度 h_c 的3倍。

（2）为防止钢柱的传力部位局部失稳或局部变形，对埋入式柱脚，在钢柱埋入部分的顶部，应设置水平加劲肋（H形钢柱）或隔板（箱形钢柱）。其加劲肋或隔板的宽厚比应符合现行《钢结构设计规范》（GB 50017）关于塑性设计而规定。

（3）箱形截面柱埋入部分填充混凝土可起加强作用，其填充混凝土的高度，应高出埋入部分钢柱外围混凝土顶面1倍柱截面高度以上。

（4）为保证埋入钢柱与周边混凝土的整体性，埋入式柱脚在钢柱的埋入部分应设置栓钉。栓钉的数量和布置按计算确定，其直径不应小于 $\phi16$（一般取 $\phi19$），栓钉的长度宜取4倍栓钉直径，水平和竖向中心距均不应大于200 mm，且栓钉至钢柱边缘的距离不大于100 mm。

（5）钢柱柱脚埋入部分的外围混凝土内应配置竖向钢筋，其配筋率不小于0.2%，沿周边的间距不应大于200 mm，其4根角筋直径不宜小于 $\phi22$，每边中间的架立筋直径不宜小于 $\phi16$；箍筋宜为 $\phi10$，间距100 mm；在埋入部分的顶部应增设不少于3道 $\phi12$、间距不大于50 mm的加强箍筋竖向钢筋在钢柱柱脚底板以下的锚固长度不应小于35 d（d为钢筋直径），并在上端设弯钩。

（6）钢柱柱脚底板需用锚栓固定，锚栓的锚固长度不应小于 d_a（ d_a 为锚栓直径）。

（二）承载力验算

1．混凝土承压应力

埋入式柱脚通过混凝土对钢柱的承压力传递弯矩。因此，埋入式柱脚的混凝土承压应力。应小于混凝土轴心抗压强度设计值，可按下式验算：

$$A_s = M / \left(d_0 f_{sy} \right)$$

$$M = M_0 + Vd$$

式中：　V ——柱脚剪力；

　　　　h_0 ——底层钢柱反弯点到柱脚顶面（混凝土基础梁顶面）的距离；

　　　　d ——柱脚埋深；

b_f——钢柱柱脚承压翼缘宽度；

f_{ce}——混凝土轴心抗压强度设计值。

2. 钢筋配置

埋入式柱脚的钢柱四周，应按下列要求配置竖向钢筋和箍筋。

（1）柱脚一侧的主筋（竖向钢筋）的截面面积，应按下列公式计算：

$$A_s = M / (d_0 f_{sy})$$

$$M = M_0 + Vd$$

式中：M——作用于钢柱柱脚底部的弯矩；

M_0——作用于钢柱柱脚埋入处顶部的弯矩设计值；

V——作用于钢柱柱脚埋入处顶部的剪力设计值；

d——钢柱的埋深；

d_0——受拉侧与受压侧竖向钢筋合力点间的距离；

f_{sy}——钢筋的抗拉强度设计值。

（2）柱脚一侧主筋的最小含钢率为0.2%，其配筋量不宜小于$\phi 22$

（3）主筋的锚固长度不应小于35 d（d为钢筋直径），并在上端设弯钩。

（4）主筋的中心距不应大于200 mm，否则应设置附加的$\phi 16$的架立筋。

（5）箍筋宜为$\phi 10$，间距100 mm；在埋入部分的顶部，应配置不少于$\phi 12$、间距50 mm的加强箍筋。

3. 柱脚栓钉

为保证柱脚处轴力和弯矩的有效传递，柱脚栓钉通常采用$\phi 19$ mm；栓钉的竖向间距不宜小于6 d，横向间距不宜小于4 d（d为栓钉直径）；圆柱头栓钉钉杆的外表面至钢柱真缘侧边的距离不应小于20 mm。

三、外包式柱脚

外包式柱脚是将钢柱脚底板搁置在混凝土地下室墙体或基础梁顶面，再外包由基础伸出的钢筋混凝土短柱所形成的一种柱脚形式。

（一）受力特点

（1）当钢柱与基础铰接时，钢柱的轴向压力通过底板直接传给基础；轴向拉力则通过底板的外伸边缘和锚栓传给基础。

（2）钢柱柱底的弯矩和剪力，全部由外包钢筋混凝土短柱承担，并传至基础。

（3）焊于柱翼缘上的栓钉起着传递弯矩和轴力的重要作用。

（二）构造要求

（1）外包式柱脚的混凝土外包高度与埋入式柱脚的埋入深度要求相同。

（2）外包式柱脚钢柱外侧的混凝土保护层厚度不应小于180 mm。

（3）外包混凝土内的竖向钢筋按计算确定，其间距不应大于200 mm，在基础内的锚固长度不应小于按受拉钢筋确定的锚固长度。

（4）外包钢筋混凝土短柱的顶部应集中设置不小于$3\phi12$的加强箍筋，其竖向间距宜取50 mm。

（5）外包式柱脚的钢柱翼缘应设置圆柱头栓钉，其直径不应小于$\phi16$（一般取$\phi19$），其长度取4 d，其竖向间距与水平列距均不应大于200 mm，边距不宜小于35 mm。

（6）钢柱柱脚底板厚度不应小于16 mm，并用锚栓固定；锚栓伸入基础内的锚固长度不应小于$25 d_a$（d_a为锚栓直径）。

（三）承载力验算

1. 抗弯承载力验算

外包式柱脚底部的弯矩全部由外包钢筋混凝土承受，其抗弯承载力应按下式验算：

$$M \leqslant n A_s f_{sy} d_0$$

式中： M ——外包式柱脚底部的弯矩设计值；

A_s ——一根受拉主筋（竖向钢筋）的截面面积；

n ——受拉主筋的根数；

f_{sy} ——受拉主筋的抗拉强度设计值；

d_0 ——受拉主筋重心至受压区合力作用点的距离，可取$d_0 = 0.7 h_0 / 8$。

2. 抗剪承载力验算

柱脚处的水平剪力由外包混凝土承受，其抗剪承载力应符合下列规定：

$$V - 0.4N \leqslant V_{rc}$$

式中： V ——柱脚的剪力设计值；

N ——柱最小轴力设计值；

V_{rc}——外包钢筋混凝土所分配到的受剪承载力。

（1）当钢柱为"工"字形（H形）截面时，外包式钢筋混凝土柱脚的受剪承载力宜按下式计算，并取其计算结果较小者。

$$V_{rc} = b_{rc}h_0\left(0.07f_{cc} + 0.5f_{ysh}\rho_{sh}\right)$$

$$V_{rc} = b_{rc}h_0\left(0.07f_{cc}b_e / b_{rc} + f_{ysh}\rho_{sh}\right)$$

式中：b_{rc}——外包钢筋混凝土柱脚的总宽度；

b_e——外包钢筋混凝土柱脚的有效宽度，$b_e = b_{e1} + b_{e2}$；

f_{cc}——混凝土轴心抗压强度设计值；

f_{ysh}——水平箍筋抗拉强度设计值；

ρ_{sh}——水平箍筋配筋率，$\rho_{sh} = A_{sh} / b_{re}s$，当$\rho_{sh} > 0.6\%$时，取0.6%；

A_{sh}——一支水平箍筋的截面面积；

s——箍筋的间距；

h_0——混凝土受压区边缘至受拉钢筋重心的距离。

（2）当钢柱为箱形截面时，外包钢筋混凝土柱脚的受剪承载力为：

$$V_{rc} = b_e h_0\left(0.07f_{cc} + 0.5f_{ysh}\rho_{sh}\right)$$

式中：b_e——钢柱两侧混凝土的有效宽度之和，每侧不得小于180mm；

ρ_{sh}——水平箍筋的配筋率，$\rho_{sh} = A_{sh} / b_c s$，当$\rho_{sh} \geqslant 1.2\%$时，取1.2%。

3．柱脚栓钉设计

外包式柱脚钢柱翼缘所设置的圆柱头栓钉，主要起着传递钢柱弯矩至外包混凝土的作用，因此在计算平面内，钢柱柱脚一侧翼缘上的圆柱头栓钉数目应按下列公式计算：

$$n \geqslant N_f / N_v^s$$

$$N_f = M / \left(h_c - t_f\right)$$

$$N_v^s = 0.43A_{st}\sqrt{E_c f_c} \ \text{且} \ N_v^s \leqslant 0.7A_{st}\gamma f_{st}$$

式中：N_f——钢柱底端一侧抗剪栓钉传递的翼缘轴力；

M——外包混凝土顶部箍筋处的钢柱弯矩设计值；

h_c——钢柱截面高度；

66

t_f——钢柱翼缘厚度；

N_v^s——一个圆柱头栓钉的受剪承载力设计值；

A_{st}——一个圆柱头栓钉钉杆的截面面积；

f_{st}——圆柱头栓钉钢材的抗拉强度设计值；

E_c, f_c——混凝土的弹性模量与轴心抗压强度设计值；

γ——圆柱头栓钉钢材的抗拉强度最小值与屈服强度之比，当栓钉材料性能等级为4.6级时，取f_{st} =215 N/mm²，γ =1.67。

四、外露式柱脚

由柱脚锚栓固定的外露式柱脚，可视钢柱的受力特点（轴压或压弯）设计成铰接或刚接。外露式柱脚设计为刚性柱脚时，柱脚的刚性难以完全保证，若内力分析时视为刚性柱脚，应考虑反弯点下移引起的柱顶弯矩增值当底板尺寸较大时，应考虑采用靴梁式柱脚。

（一）构造要求

（1）柱脚底板厚度应不小于钢柱翼缘板的厚度，且不应小于20 mm（铰接）或30 mm（刚接）；钢柱底面应刨平，与底板顶紧后，采用角焊缝进行围焊。

（2）钢柱底板底面与基座顶面之间的砂浆垫层，应采用不低于C40无收缩细石混凝土或铁屑砂浆进行二次压灌密实，其砂浆厚度可取50 mm。

（3）刚接柱脚锚栓应与支承托座牢固连接，支承托座应能承受锚栓的拉力；而铰接柱脚的锚栓则固定于柱脚底板即可。

（二）计算原则

（1）柱脚处的轴力和弯矩由钢柱底板直接传至基础，因此应验算基础混凝土的承压强度和锚栓的抗拉强度（无弯矩作用的铰接柱脚，不必验算锚栓的抗拉强度）。

（2）钢柱底板尺寸应根据基础混凝土的抗压强度设计值确定。

（3）当底板压应力出现负值时，拉力应由锚栓来承受。当锚栓直径大于60 mm时，可按钢筋混凝土压弯构件中计算钢筋的方法确定锚栓的直径。

（4）锚栓的拉力应由其与混凝土之间的黏结力传递。当锚栓的埋设深度受到限制时，应将锚栓固定在锚板或锚梁上，以传递全部拉力，此时可不考虑锚栓与混凝土之间的黏结力。

（5）柱脚底板的水平剪力，由底板和基础混凝土之间的摩擦力传递，摩擦系数可取0.4当水平剪力超过摩擦力时，可采用在底板下部加焊抗剪键或采用外包式柱脚。

第六节　支撑连接节点

支撑连接节点分为中心支撑节点和偏心支撑节点

一、连接的构造要求

（一）中心支撑节点

1.支撑与框架的连接

中心支撑的重心线应通过梁与柱轴线的交点。当受条件限制，有不大于支撑杆件宽度的偏心时，节点设计应计入偏心造成的附加弯矩的影响。

（1）多层钢结构的支撑连接。对于多层钢结构，其支撑与钢框架和支撑之间均可采用节点板连接，其节点板受力的有效宽度应符合连接件每侧有不小于30°夹角的规定。支撑杆件的端部至节点板嵌固点（节点板与框架构件焊缝的起点）沿杆轴方向的距离，不应小于节点板厚度的2倍，这样可保证大震时节点板产生平面外屈曲，从而减轻支撑的破坏。

（2）高层钢结构的支撑连接。对于高层钢结构，其支撑斜杆两端与框架梁、柱的连接，应采用刚性连接构造，且斜杆端部截面变化处宜做成圆弧形。

支撑斜杆的拼接接头以及斜杆与框架的工地连接，均宜采用高强度螺栓摩擦型连接，或者支撑翼缘直接与框架梁、柱采用全熔透坡口焊接，腹板则用高强度螺栓的栓焊混合连接。

对于H形钢柱和梁，在与支撑翼缘的连接处，应设置加劲肋；对于箱形柱，应在与支撑翼缘连接的相应位置设置隔板。

柱中的水平加劲肋或水平隔板，应按承受支撑斜杆轴心力的水平分力计算；而梁中的横向加劲肋，应按承受支撑斜杆轴心力的竖向分力计算。

由于人字形支撑或V形支撑在受压屈曲后，其承载力下降，导致横梁跨中与支撑连接处出现不平衡集中力，可能会引起横梁破坏，因此应在横梁跨中与支撑连接处设置侧向支撑。

由于支撑在框架平面外计算长度较大，对于抗震设防的结构，常把H形支撑截面的强轴置于框架平面内（支撑翼缘平行于框架平面内），且采用支托式连接时，其平面外计算长度可取轴线长度的0.7倍；当支撑截面的弱轴置于框架平面内（支撑腹板位于框架平面内）时，其平面外计算长度可取轴线长度的0.9倍。

2．支撑中间节点

对于X形中心支撑的中央节点，宜做成在平面外具有较大抗弯刚度的"连续通过型"节点，以提高支撑斜杆出平面的稳定性。该类节点在一个方向斜杆中点处的杆段之间，宜采用高强度螺栓摩擦型连接。

对于跨层的X形中心支撑，因其中央节点处有楼层横梁连续通过，上、下层的支撑斜杆与焊在横梁上的各支撑杆段之间，均应采用高强度螺栓摩擦型连接。

（二）偏心支撑节点

1．支撑斜杆与框架梁的连接

（1）偏心支撑的斜杆中心线与框架梁轴线的交点，一般位于消能梁段的端部，也允许位于消能梁段内，此时将产生与消能梁段端部弯矩方向相反的附加弯矩，从而减小梁段和支撑斜杆的弯矩，对抗震有利，但交点不应位于消能梁段以外，因为它会增大支撑斜杆和消能梁段的弯矩，不利于抗震。

（2）根据偏心支撑框架的设计要求，与消能梁段相连的支撑端和消能梁段外的框架梁端的抗弯承载力之和，应大于消能梁段的最大弯矩（极限抗弯承载力）。因此，为使支撑斜杆能承受消能梁段的端部弯矩，支撑斜杆与框架梁的连接应设计成刚接。对此，支撑斜杆采用全熔透坡口焊缝直接焊在梁段上的节点连接特别有效，有时支撑斜杆也可通过节点板与框架梁连接。但此时应注意将连接部位置于消能梁段范围以外，并在节点板靠近梁段的一侧加焊一块边缘加劲板，以防节点板屈曲。

（3）支撑斜杆的拼接接头，宜采用高强度螺栓摩擦型连接。

2．消能梁段的加劲肋设置

（1）消能梁段与支撑斜杆的连接处，应在梁腹板的两侧设置横向加劲肋，以传递梁段剪力，并防止梁段腹板屈曲。其加劲肋高度应为梁腹板的高度，每侧加劲肋的宽度不应小于$(b_f/2-t_w)$，其厚度不应小于$0.75t_w$且不应小于10 mm。

（2）消能梁段腹板的中间加劲肋配置，应根据梁段的长度区别对待。对于较短的剪切屈服型梁段，中间加劲肋的间距应该小一些；对于较长的弯曲屈服型梁段，应在距梁段两端各$1.5b_f$的位置两侧设置加劲肋；对于中长的剪弯屈服型梁段，中间加劲肋的配置则需同时满足剪切屈服型和弯曲屈服型梁段的要求。

3．消能梁段与框架柱的连接

（1）偏心支撑的剪切屈服型消能梁段与柱翼缘连接时，梁翼缘和柱翼缘之间应采用坡口全熔透对接焊缝；梁腹板与连接板之间及连接板与柱之间应采用角焊缝连接，角焊缝承载力不得小于消能梁段腹板的轴向屈服承载力、受剪屈服承载力和塑性受弯承载力。

（2）消能梁段不宜与"工"字形柱腹板连接，当必须采用这种连接方式时，梁翼缘与柱上连接板之间应采用坡口全熔透对接焊缝；梁腹板与柱的竖向加劲板之间采用角焊缝连接，角焊缝的承载力同样不得小于消能梁段腹板的轴向屈服承载力、受剪屈服承载力和塑性受弯承载力。

4. 消能梁段的侧向支撑

（1）为了保证梁段和支撑斜杆的侧向稳定，消能梁段两端上、下翼缘均应设置水平侧向支撑或隔撑，其轴力设计值至少应为 $0.06 fb_f t_f$，b_f 和 t_f 分别为其翼缘的宽度和厚度。

（2）与消能梁段同跨的框架梁上、下翼缘，也应设置水平侧向支撑，其间距不应大于 $13b_f\sqrt{235/f_y}$，其轴力设计值不应小于 $0.02 fb_f t_f$。

二、连接的承载力验算

对于非抗震设防结构，支撑斜杆的拼接接头以及斜杆与梁（偏心支撑时含耗能梁段）、柱连接部位的承载力，不应小于支撑的实际承载力。对于抗震设防结构，则要求不小于支撑实际承载力的1.2倍，即支撑连接设计应满足下式要求：

$$N_i\left(N_1,\ N_2,\ N_3,\ N_4\right)\geqslant \eta_j A_n f_y$$

式中：N_i——基于连接材料极限强度最小值计算出的支撑连接在支撑斜杆轴线方向的最大（极限）承载力，按下述方法计算。

A_n——支撑斜杆的净截面面积；

f_y——支撑斜杆钢材的屈服强度；

η_j——连接系数。

（1）N_1 为螺栓群连接的极限抗剪承载力，取下列两式计算结果中的较小者。

$$N_v^b = 0.58 m n_v A_e^b f_u^b,\ N_e^b = md\left(\sum t\right)f_{cu}^b$$

式中：m，n_v——接头一侧的螺栓数目和一个螺栓的受剪面数目；

f_u^b，f_{cu}^b——螺栓钢材的抗拉强度最小值和螺栓连接钢板的极限承压强度，取 $1.5f_u$（f_u 为连接钢板的极限抗拉强度最小值）；

A_e^b，d——螺纹处的有效截面面积和螺栓杆径；

Σt——同一受力方向的板叠总厚度。

（2） N_2 为螺栓连接处的支撑杆件或节点板受螺栓挤压时的剪切抗力：

$$N_2 = metf_u / \sqrt{3}$$

式中： e——力作用方向的螺栓端距，当 e 大于螺栓间距 a 时，取 $e = a$ ；

t——支撑杆件或节点板的厚度；

f_u——支撑杆件或节点板的钢材抗拉强度下限。

（3） N_3 为节点板的受拉承载力：

$$N_3 A_e f_u, \quad A_e = \frac{2}{\sqrt{3}} l_1 t_g - A_d$$

式中： A_e——节点板的有效截面面积，等于以第一个螺栓为顶点、通过末一个螺栓并垂直于支撑轴线上截取底边的正三角形中，底边长度范围内节点板的净截面面积；

l_1——等边三角形的高度；

t_g——节点板的厚度；

A_d——有效长度范围内螺栓孔的削弱面积。

（4） N_4 节点板与框架梁、柱等构件连接焊缝的承载力，按我国现行《抗震规范》计算，即

对接焊缝

$$N_4 = A_e^w f_u$$

角焊缝

$$N_4 = A_e^w f_u / \sqrt{3}$$

式中： A_e^w——焊缝的有效截面面积；

f_u——构件母材的抗拉强度最小值。

第七节 抗震剪力墙板与钢框架的连接

一、钢板剪力墙

钢板剪力墙与钢框架的连接，宜保证钢板墙仅参与承担水平剪力，而不参与承担重力荷载及柱压缩变形引起的压力。因此，钢板剪力墙的上下左右四边均应采用高强度螺栓通过设置于周边框架的连接板，与周边钢框架的梁和柱相连接。

钢板剪力墙连接节点的极限承载力，应不小于钢板剪力墙屈服承载力的1.2倍，以避免大震作用下，连接节点先于支撑杆件破坏。

二、内藏钢板支撑剪力墙

（1）内藏钢板支撑剪力墙仅在节点处（支撑钢板端部）与框架结构相连。上节点（支撑钢板上部）通过连接钢板用高强度螺栓与上钢梁下翼缘连接板在施工现场连接，且每个节点的高强度螺栓不宜少于4个，螺栓布置应符合现行《钢结构设计规范》（GB 50017）的要求；下节点与下钢梁上翼缘连接件之间，在现场用全熔透坡口焊缝连接。

（2）内藏钢板支撑剪力墙板与四周梁柱之间均留有不小于25 mm空隙；剪力墙板与框架柱的间隙，还应满足下列要求：

$$2[u] \leqslant a \leqslant 4[u]$$

式中，$[u]$——荷载标准值下框架的层间侧移容许值。

（3）剪力墙墙板下端的缝隙，在浇筑楼板时，应用混凝土填实；剪力墙墙板上部与上框架梁之间的间隙以及两侧与框架柱之间的间隙，宜用隔音的弹性绝缘材料填充，并用轻型金属架及耐火板材覆盖。

（4）内藏钢板支撑剪力墙连接节点的极限承载力，应不小于钢板支撑屈服承载力的1.2倍，以避免大震作用下连接节点先于支撑杆件破坏。

三、带缝混凝土剪力墙

混凝土的带缝剪力墙有开竖缝和开水平缝两种形式，常用带竖缝混凝土剪力墙。

（1）带竖缝混凝土剪力墙板的两侧边与框架柱之间应留有一定的空隙，使彼此之间无任何连接。

（2）墙板的上端用连接件与钢梁用高强度螺栓连接；墙板下端除临时连接措施外，应全长埋于现浇混凝土楼板内，并通过楼板底面齿槽和钢梁顶面的焊接栓钉实现可靠连接；墙板四角还应采取充分可靠的措施与框架梁连接。

（3）带竖缝的混凝土剪力墙只承担水平荷载产生的剪力，不考虑承受框架竖向荷载产生的压力。

第四章　结构安装及新施工技术

第一节　起重机械与设备

一、自行式起重机

（一）履带式起重机

履带式起重机是在行走的履带底盘上装有起重装置的起重机械，是自行式、机身360°全回转的一种起重机。它具有操作灵活，使用方便，在一般平整坚实的场地上可以载荷行驶和作业的特点。它是结构吊装工程中常用的起重机械。

常用的履带式起重机有：国产W1-50型、W1-100型、W1-200型和一些进口机械。W1-50型起重机的最大起重量为10 t，吊杆可接长至18 m，适用于吊装跨度在18 m以下，安装高度在10 m左右的小型车间和其他辅助工作（如装卸构件）。W1-100型起重机的最大起重量为15 t，适用于吊装跨度在18～24 m的厂房。W1-200型起重机的最大起重量为50 t，吊杆可接长至40 m，适用于大型厂房吊装。

1. 履带式起重机起重性能

起重机的起重能力常用3个工作参数表示，即起重量、起重高度和起重半径。

起重量是指起重机在一定起重半径范围内起重的最大能力。起重半径是指起重机回转中心至吊钩中心的水平距离。起重高度是指起重机吊钩中心至停机面的垂直距离。

起重量、起重半径、起重高度3个工作参数间存在着相互制约的关系，其取值大小取决于起重臂长度及其仰角。当起重臂长度一定时，随着仰角的增大，起重量和起重高度增加，而起重半径减小；当起重臂的仰角不变时，随着起重臂长度的增加，起重半径和起重高度增加，而起重量减小。

74

2．履带式起重机的稳定性验算

履带式起重机在正常条件下工作，一般可以保持机身稳定，但在进行超负荷吊装或接长吊杆时，需进行稳定性验算，以保证起重机在吊装过程中不会发生倾覆事故。验算起重机接长起重臂后的稳定性，应近似地按力矩等量换算原则求出起重臂接长后的允许起重量，如吊装荷载不超过，起重机即满足稳定性要求。履带式起重机的稳定性虽经理论验算，但在正式吊装前必须进行实际试吊验证。

（二）汽车式起重机

汽车式起重机是将起重机构安装在汽车底盘上的起重机。它具有行驶速度快、机动性能好的特点。常用的汽车式起重机有Q2-8型、Q2-12型、Q2-16型。

（三）轮胎式起重机

轮胎式起重机是一种装在专用轮胎式行走底盘上的起重机。其横向尺寸较大，故横向稳定性好，能全回转作业。并能在允许荷载下负荷行驶，吊装时一般用四个支腿以保持机身的稳定性。

它与汽车式起重机有很多相同之处，主要差别是行驶速度慢，故不宜长距离行驶，适宜于作业地点相对固定而作业量较大的场合。常用轮胎式起重机有QLY16型和QLY25型两种。

二、塔式起重机

塔式起重机有竖直的高耸塔身，起重臂安装在塔身顶部，可做360°回转，具有较大的工作幅度、起重能力和起重高度，生产效率高，广泛应用于多、高层建筑物的施工。

塔式起重机按行走机构、变幅方式、回转机构位置和安装形式而分成若干类型。按其变幅方式分为水平臂架小车变幅和动臂变幅两种。动臂变幅是利用起重臂的仰俯进行变幅，它有效工作幅度小且只能空载变幅，生产效率较低。水平臂架小车变幅是利用载重小车沿其臂架上的轨道行走而变幅，因而工作幅度大，可负载变幅。就位迅速准确，生产效率高。目前，应用最广的是下回转、快速拆装、轨道式的塔式起重机和能够一机四用（轨道式、固定式、附着式和内爬式）的自升塔式起重机。

（一）下回转、快速拆装塔式起重机

下回转、快速拆装塔式起重机都是600 kN•m以下的中小型塔式起重机。其特点是结构简单、重心低、运转灵活、伸缩塔身可自行架设、速度快、效率高、采用整体拖运、转移方便。其适用于砖混砌块结构。

（二）上回转塔式起重机

上回转塔式起重机目前均采用液压顶升接高（自升）、水平臂小车变幅装置。这种塔式起重机通过更换辅助装置可改成固定式、轨道行走式、附着式、内爬式等。内爬是指起重机安装在建筑物内部（电梯井或特设空间）的结构上，依靠爬升机构随建筑物向上建造而向上爬升。自升塔式起重机的塔身接高到设计规定的独立高度后，须使用锚固装置将塔身与建筑物相连接（附着），以减少塔身的由高度，保持塔机的稳定性，减小塔身内力，提高起重能力。锚固装置由附着框架、附着杆和附着支座组成。

常用的机型有QTZ63型、QT80型、QTZ100型、FO/23型、H3/36B型塔式起重机。QT80型塔式起重机是一种轨行、上回转自升塔式起重机，目前在建筑施工中使用比较广泛。

三、拔杆式起重机

拔杆式起重机具有制作简单、装拆方便、起重量大、受地形限制小等特点，能用来安装其他机械不能安装的一些特殊构件和设备。其缺点是服务半径小，移动困难且需要设置较多的缆风绳，故一般只用于安装工程量比较集中的工程。常用的有独脚拔杆、人字拔杆、悬臂拔杆、桅杆起重机等。

（一）独脚拔杆

独脚拔杆由拔杆、起重滑轮组、卷扬机、缆风绳和锚锭组成。为了吊装的构件不致碰撞拔杆，使用时拔杆应保持一定倾角。拔杆的稳定主要靠缆风绳，一般设6～12根。缆风绳与地面的夹角一般取30°～45°。拔杆受轴向力很大，可根据受力计算选择材料和截面。

（二）人字拔杆

人字拔杆由两根杆件组成，顶部相交呈人字形，端部以钢丝绳绑扎或铁件铰接而成，顶部夹角为20°～30°，拔杆底部应设拉杆或拉索，以平衡水平推力。人字拔杆的特点是起重量大，稳定性好。

（三）悬臂拔杆

悬臂拔杆是在独脚拔杆的中部或2/3高度处装一根起重杆。其特点是起升高度和工作幅度都较大，起重杆可以左右摆动120°～270°，吊装方便，但起重量较小，适用于吊装轻型构件。

（四）诡杆起重机

桅杆起重机是在独脚拔杆的下端装上一根可以回转和起伏的起重臂而成。桅杆起重机的特点是整机可以做360°的回转，但应设置至少6根缆风绳它适用于构件多而集中的建筑物吊装。

四、索具

（一）钢丝绳

钢丝绳是由若干根钢丝捻成一股，再由若干股围绕绳芯捻成的绳。按绳股数及每股中的钢丝数区分，每股钢丝越多，其柔性越好。吊装中常用的有6×19、6×37两种钢丝绳。

钢丝绳工作时不仅受有拉力还有弯曲力，相互之间有摩擦力和吊装冲击力等，处于复杂的受力状态。为了安全可靠，必须加大安全系数。

钢丝绳使用时应该注意，钢丝绳解开使用时应按正确方法进行，以免钢丝绳打结。钢丝绳切断前应在切口两侧用细铁丝捆扎，以防切断后绳头松散。应定期对钢丝绳加油润滑，以减少磨损和腐蚀；钢丝绳穿滑轮组时，滑轮直径应比绳径大1～1.25倍；使用前应检查核定，每一断面上断丝不得超过3根，否则不能使用；使用中，如绳股间有大量的油挤出，表明钢丝绳的荷载已相当大，必须勤加检查，以防发生事故。

（二）滑轮组

滑轮组既可省力又可改变力的方向，其由一定数量的定滑轮、动滑轮和绳索组成。滑轮组中共同担负重量的绳索根数称为工作线数。滑轮组省力主要决定于工作线数。由于滑轮轴承处存在摩擦力，因此滑轮组在工作时每根工作线的受力并不相同。滑轮组钢丝绳的跑头（引出绳头）拉力计算参考相关施工手册。

（三）卷扬机

卷扬机由电动机、减速机构、卷筒和电磁抱闸等组成，分快速卷扬机和慢速卷扬机两种。前者适用水平垂直运输，后者适用于吊装和钢筋张拉的作业。卷扬机在使用时，必须用地锚固定，以防止滑动和倾覆；传动机要加油润滑，使用无噪音；放松钢丝绳时，卷筒上至少留4圈的安全储备。

（四）横吊梁

横吊梁又称铁扁担，用于吊索对构件的轴向压力和起吊高度，其形式有钢板横吊梁和钢管横吊梁。一般前者用于吊10 t以下的柱，后者用于吊装屋架。

第二节　钢筋混凝土预制构件

一、概念

钢筋混凝土预制构件是在工厂或现场预制的钢筋混凝土独立部件，包括柱、梁、墙板、楼（屋）面板等构件和飘窗、楼梯、阳台等配件。

从施工方法上讲，现浇钢筋混凝土构件施工特点是通过在设计位置支模板，铺设绑扎钢筋，浇筑、振捣、养护混凝土等施工。过程制作而成。而钢筋混凝土预制构件是在非设计位置上预先制作成型，通过施工。机械将预制构件安装至设计位置。

钢筋混凝土预制构件生产有现场预制和工厂预制两种。一般来说，大型、重型构件（如柱子、整榀屋架等），运输有困难或不经济时，常在现场就地制作，如场地允许，最好将构件布置在安装部位旁边，以减少构件运输。大量中小型构件，集中在预制构件厂制作，容易保证质量和有利于实现工业化生产。预制构件具有质量稳定、节省模板、简化施工、加快进度、节省材料的优点。

二、发展历史

在19世纪末至20世纪初，混凝土预制构件就少量用于建筑给排水管道。20世纪50年代初，我国普遍建立了混凝土预制构件厂。我国曾经有过相当发达的预制构件行业，建筑结构（尤其是楼板、屋盖）中混凝土预制构件应用比例相当大。但是传统以"三板"（预应力短向圆孔板、长向圆孔板、屋面板）为代表的预制板类构件多采用冷加工钢筋作预应力配筋。其延性差而易脆断；强度低而难以适应大跨、重载的要求；整体性差而难以满足抗震要求；形状尺寸模数化而难以适应建筑多样化布置要求，因此预制构件应用日渐减少。

工厂化生产建筑构配件以及采用预应力构件是建筑业的发展趋势，在国外预制构件行业就得到了长足的发展。近年来，我国预制构件行业淘汰传统落后的预制构件，根据建筑市场需求变化而及时进行技术改造，实行产品替换，产品类型往大跨、轻质、高强等方向发展。如采用高强的钢丝、钢绞线生产预应力预制板类构件、空心预制构件、混凝土叠合构件、预制混凝土夹心保温外墙板等新型预制构件。

发展预制装配式结构以及半预制的叠合式结构，可以减少材料消耗，改进结构性能，加快建筑业的产业化发展。叠合构件利用预制构件做底层部件，在施工阶段作为模板而在后浇层的混凝土达到强度以后，即成为整体结构的一部分，其整体性及抗震性能接近现浇结构，而施工工艺又具备预制构件的长处。装配式混凝土结构是以预制构件为主要受力构件，经装配、连接而成的混凝土结构，简称装配式结构。为了在装配式混凝土结构设计中贯彻执行国家的技术、经济政策，做到安全、实用、经济、耐久，保证质量，相关行业标准已逐步发布执行。

三、品种分类

预制构件的品种十分丰富，按集料分类，可分为普通混凝土预制构件、轻集料混凝土预制构件、细颗粒混凝土预制构件；按构件形状分类，可分为板状、环管状、长直形、箱形等；按配筋方式分类，可分为钢筋混凝土构件、钢丝网混凝土构件、纤维混凝土构件、预应力混凝土构件等；按使用性质分类，可分为基础设施类、建筑构件类、地基类等。

四、构件制作工艺

预制构件的制作工艺，根据构件成型的不同。有台座法、机组流水法和传送带流水法三种方法。

（一）台座法

台座是预制构件的底模，可选择表面平整光滑的混凝土地坪，也可制作某一种构件的胎膜或混凝土槽。每个构件的成型、养护、脱模等生产过程都在台座上同一个地点进行。在生产过程中，加工对象基本上固定在一定地点。而工人及机具做相对的移动。其有固定胎膜、翻转模板、成组立模等不同生产构件形式，广泛用于生产大型屋面板、墙板、楼梯段等构件。

（二）机组流水法

机组流水法是在车间内生产，生产组织划分为准备模板、安放钢筋及预埋件，浇筑混凝土，构件养护和模板拆除及清理四个工段。每个工段皆配备相应的工人和机具设备，构件的成型、养护、脱模等生产过程分别在有关的工段循序完成。此法生产效率比台座法高、机械化程度较高、占地面积小，但建厂投资大，生产过程中运输繁多，宜于生产定型的中小型构件。

（三）传送带流水法

传送带流水法是机组流水法的进一步发展。模板在一条呈封闭环形的传送带上移动，生产工艺中的各个生产过程（如清理模板、涂刷隔离剂、排放钢筋、浇筑混凝土等）是在沿着传送带循序分布的各个工作区进行的。此法生产效率高，机械化及自动化程度高，但设备复杂，投资大，宜于大型预制厂大批量生产定型构件。

五、构件成型

混凝土的捣实成型对预制构件质量起着决定作用。常用的捣实方法有振动法、离心法、真空作业法、辊压法等。

（一）振动法

台座法制作构件要使用内部振动器和表面振动器捣实；用机组流水法制作构件时，按构件厚薄等情况采用表面振动器或振动台等振动。振动时，同时在构件上施加一定压力，加压力的方法分为静态加压和动态加压。

（二）离心法

离心法是将装有混凝土的模板放在离心机上，使模板以一定转速绕自身的纵轴线旋转。模板内的混凝土由于离心力的作用而远离纵轴，均匀分布于模板内壁，并将混凝土中的部分水分挤出，使混凝土密实。此法一般用于管道、电杆、桩等具有环形截面构件的制作。

（三）真空作业法

真空作业法是借助于真空负压，将部分水分和空气从刚成型的混凝土拌合物中排出，同时使混凝土密实的一种成型方法。此法避免了振动成型噪声大、耗能多、机械磨损严重的缺陷。

（四）辊压法

辊压法是将管模套在悬棍上，悬辊在旋转时带动管模旋转。管模内的混凝土拌合物在离心力和辊压力作用下密实成型。此法主要应用在干硬性混凝土，成型中不脱水。采用辊压法生产混凝土管，混凝土管壁没有内外分层现象，密实匀质，抗渗性好。

六、构件养护

混凝土有自然养护、快速养护等方法。其中自然养护成本低，简单、易行，但养护时间长（在常温下最少也需要8～10 d以上）。为了使已成型的混凝土构件尽快获得脱模强度，以加快模板周转、提高劳动生产率、提高产量，需要采取加速混凝土硬化的养护措施。常用的快速养护方法有蒸汽养护、远红外线养护、热模养护、太阳能养护等。蒸汽养护和远红外线养护的时间可缩短到十几个小时，所以在预制构件制作中广泛应用。热模养护时间可减少到5～6 h，太阳能养护的时间为自然养护时间的1/2。

七、成品堆放

混凝土预制构件经养护后，绝大多数都需在成品堆场做短期储存。在混凝土预制厂，对成品堆场的要求是：地基平整坚实、场内道路畅通、配有必要的起重和运输设备。起重设备通常用龙门式起重机、桥式起重机等。运输设备除卡车外，一些预制厂还设计了多种专用车辆。既可供厂内运输成品使用，又可将成品运出工厂，送往建筑工地。

堆放构件时，最下层应垫实，预埋吊件向上，标志向外；垫块在构件下的位置应宜于脱模，吊装时的起吊位置应一致；重叠堆放构件时，每层构件间的垫块应在同一垂线上；堆垛层数应根据构件与垫块的承载能力及堆垛的稳定性确定。

八、质量检验

（一）外观质量和尺寸检验

预制构件制成后，对每一个构件成品要进行外观质量检查。通过目测，不应有露筋、蜂窝、麻面、起砂、饰面空鼓、裂缝等缺陷。如存在不影响结构性能或安装使用功能的外观缺陷，应按技术处理方案进行处理，并重新检查验收。

在逐件观察、检查外观质量的基础上，还应抽检预制构件的尺寸。对于检查数量，《预制混凝土构件质量检验评定标准》和《混凝土结构工程施工质量验收规范》都规定：同一工作班、同一班组生产的同类型构件为一个检验批，在该批构件中应随机细查5%，但不应少于3件。

剔除有影响结构性能或安装使用功能的尺寸偏差的构件；对于超过尺寸允许偏差且影响结构性能或安装使用功能的部位，应按技术处理方案进行处理，并重新检查验收。

（二）出厂合格证和结构性能检验报告

预制构件应进行结构性能检验，检验项目和检验方法具体见《混凝土结构工程施工质量验收规范》相关内容。

产品出厂合格证的内容包括：合格证编号、生产许可证、采用标准图和设计图纸编号、制造厂名称、商标和出厂年月日、型号、规格和数量；混凝土、主筋力学性能的评定结果；外观质量和规格尺寸检验评定结果；结构性能检验评定结果；检验部门盖章。

第三节　单层工业厂房结构安装

一、吊装前的准备工作

构件吊装前的准备工作是保证安装工程顺利进行和安装工程质量的基础，要给予充分的重视。一方面是技术准备，如编制施工组织设计、熟悉图纸等；另一方面是施工现场准备，现场准备工作简要介绍如下。

（一）场地清理和铺设道路

在起重机进场前，按照现场平面布置图，对起重机开行路线和构件堆放位置进行场地清理，使场地平整、坚实、畅通。雨季要做好排水设施，按构件堆放要求准备好支垫。

（二）检查构件

构件吊装前应进行外观质量和质量合格证的检查。外观检查包括构件的外形尺寸，预埋件位置，吊环的规格，混凝土表面是否有孔洞、蜂窝、麻面、裂缝和露筋等质量缺陷，构件的强度是否达到吊装的设计要求强度。

（三）构件的运输和堆放

构件的混凝土强度必须达到设计要求（不低于设计强度等级的75%）才能运输。运输时支垫位置要设置合理，保持构件稳定。装卸时吊点位置符合设计要求。依据构件的吊装顺序和施工进度要求，按编号进行堆放。

（四）构件的弹线和编号

在构件吊装前应在构件表面弹出吊装中心线，以作为吊装就位、校正偏差的依据。

柱子的柱身应弹出安装中心线。柱中心线的位置应与梯形基础表面上安装中心线的位置相对齐。矩形截面按几何中心弹线；为方便观察和避免视差，工字形截面柱应靠柱边弹一条与中心线平行的准线；在柱顶和牛腿面上还要弹出屋架及吊车梁的安装中心线。

屋架上弦顶面应弹出几何中心线，并从跨度中间向两端分别弹出天窗架、屋面板、桁条的安装中心线。屋架的两头应弹出屋架的吊装中心线。

在吊车梁的两端及顶面应弹出安装中心线。在弹线的同时，以上构件应根据图纸进行编号。不易辨别上、下、左、右的构件应在构件上标明记号，以防安装时搞错方向。

（五）基础的清理和准备

吊装前清理基础底部的杂物，检查基础的轴线、尺寸，复核杯口顶面和底面标高，进行基础杯口抄平。基础杯口抄平是为了消除柱子预制的长度和基础施工的标高偏差，保证柱子安装标高的正确。柱基础施工中杯底标高一般比设计标高低150～

300 mm，使柱子的长度有误差时便于调整。杯底标高的调整方法是先实测杯底标高（小柱测中部一点，大柱测四个角点），牛腿面设计标高与杯底设计标高的差值，就是柱子牛腿面的柱底的应用长度，与实际量得的长度相比就可得到柱底面制作误差，再算出杯口底标高调整值，然后用高标号水泥砂浆或细石混凝土将杯底抹至所需标高。

二、构件吊装工艺

构件吊装工艺一般要经过绑扎、起吊、就位和临时固定、校正、最后固定等工序。

（一）柱

1.逆扎

柱的绑扎位置和绑扎点数，应根据柱的形状、断面、长度、配筋部位和起重机性能等情况确定。应按起吊柱时产生的正负弯矩绝对值相等的原则来确定绑扎点的位置。一般自重在13 t以下的中、小型柱大多绑扎一点；重型或配筋少而细长的柱，为避免弯矩过大而造成起吊过程中柱子断裂，则需绑扎两点，甚至三点。有牛腿的柱，一点绑扎必须绑扎在重心以上，位置常选在牛腿以下200 mm处，如柱上部较长，也可绑在牛腿以上。工字形断面柱的绑扎点应选在矩形断面处，应在绑扎位置用方木加固翼缘，以免翼缘在起吊时损坏。双肢柱的绑扎点应选在平腹杆处。按起吊时柱身是否垂直，有斜吊和直吊两种绑扎方法。

斜吊绑扎：当柱宽面平放起吊的抗弯能力满足要求时，可采用斜吊绑扎。现场预制柱可不经翻身而直接起吊，起重钩可低于柱顶。但因柱身倾斜，就位时对中困难。

直吊绑扎：当柱宽面平放起吊的抗弯能力不足时，需要先将柱翻身侧立后，再直吊绑扎起吊。柱吊离地面后，横吊梁超过柱顶，柱身垂直。其有利于对位，但需要起重机有较大的起重高度。

2.起吊

柱子起吊方法有旋转法和滑行法。当单机起重能力不足时常采用双机抬吊。

旋转法：起重机边起钩边回转，使柱子绕柱脚旋转而吊起柱子的方法叫作旋转法。用此法吊柱时，为提高吊装效率，在预制或堆放柱时，应使柱的绑扎点、柱脚中心和基础杯口中心三点共圆弧。该圆弧的圆心为起重机的停点，半径为停点至绑扎点的距离。

滑行法：起吊柱过程中，起重机只起吊钩，使柱脚滑行而吊起柱子的方法叫作滑行法。若用滑行法吊柱，在预制或堆放柱时，应将起吊绑扎点（两点以上绑扎时为绑扎中点）布置在杯口附近，并使绑扎点和基础杯口中心两点共圆弧，以便将柱吊离地面后稍转动吊杆（或稍起落吊杆）即可就位。同时，为减少柱脚与地面的摩擦阻力，需在柱脚下设置托板、滚筒，并铺设滑行道。

3. 就位和临时固定

当柱脚插入杯口后，悬离杯底进行就位，在基础杯口各打下8个硬木楔或钢楔（每面2个），并使柱身中线对准杯鹿中线，并在对准线后用坚硬石块将柱脚卡死，起重机落钩，逐步打紧楔之，使之细长柱子的临时固定应增设缆风绳。

4. 校正

柱的校正包括平面位置校正、标高校正和垂直度的校正。平面位置校正在对位时已经完成，标高在杯形基础杯底抄平时已进行了校正。所以，临时间定后主要是垂直度的校正。柱子的垂直度直接影响吊车梁和屋架等构件安装的准确性。其检查方法是用两架经纬仪同时控制柱相邻两侧面安装中心线的垂直度。如偏差超过允许值，质量在20 t以内的柱子可采用敲打杯口楔子或敲打钢楔等校正；质量在20 t以上的柱子则需采用丝杠千斤顶平顶或油压千斤顶立顶法校正。

柱子校正时应注意以下几点：

第一，应先校正偏差大的，后校正偏差小的。如两个方向偏差数相近，则先校正小面，后校正大面。校正好一个方向后，稍打紧两面相对的四个楔子，再校正另一个方向。

第二，垂直度校正后应复查平面位置。如其偏差超过5 mm，应予复校。

第三，校正柱垂直度需用两台经纬仪观测，上测点应设在柱顶。经纬仪的架设位置，应使其望远镜视线面与观测面尽量垂直（夹角应大于75°）。观测变截面柱时，经纬仪必须架设在轴线上，使经讳仪视线面与观测面垂直，以防止因上、下测点不在一个垂直面上而产生测量差错。

第四，在阳光照射下校正垂直度，要考虑温差的影响。阳光下，柱的阳面伸长，会向阴面弯曲，使柱顶有一个水平位移。水平位移的数值与温差、柱长度和宽度有关。细长柱可利用早晨、明天校正，或当日初较，次日早晨复校：也可采取预留偏差的办法来解决。

5. 最后固定

柱校正后，立即在柱与杯口的空隙内浇灌细石混凝土做最后固定。灌缝工作一般分两次进行。第一次灌至楔子底面，待混凝土强度达到设计强度的25%后，拔出楔子，第二次全部灌满。振捣混凝土时，不要碰动楔子。

（二）吊车梁

1．绑扎、起吊、就位、临时固定

吊车梁的吊装必须在基础杯口二次灌浆的混凝土强度达到设计强度的75%以上才能进行。

吊车梁绑扎时，两根吊索要等长，绑扎点要对称设置，以使吊车梁在起吊后能基本保持水平。吊车梁两头需用溜绳控制，避免在空中碰撞柱子。

吊装就位时应缓慢落钩，争取一次对好纵轴线，避免在纵轴线方向撬动吊车梁而导致柱偏斜。

一般吊车梁在就位时用垫铁垫平即可，不需采取临时固定措施，但当梁的高度与底宽之比大于4时，可用连接钢板与柱子点焊做临时固定。

2．校正与最后固定

中小型吊车梁的校正工作宜在屋盖吊装后进行；重型吊车梁如在屋盖吊装后校正难度较大，常采取边吊边校法施工，即在吊装就位的同时进行校正。

混凝土吊车梁校正的主要内容包括垂直度和平面位置校正，两者应同时进行。混凝土吊车梁的标高，由于柱子吊装时已通过基础底面标高进行控制，且吊车梁与吊车轨道之间尚需做较厚的垫层，故一般不需校正。

垂直度校正：吊车梁垂直度用靠尺、线锤检查。工形吊车梁测其两端垂直度，鱼腹式吊车梁测其跨中两侧垂直度。校正吊车梁的垂直度时，需在吊车梁底端与柱牛腿面之间垫人斜垫块，为此要将吊车梁抬起，可根据吊车梁的轻重使用千斤顶等进行，也可在柱上或屋架上悬挂倒链，将吊车梁需垫铁的一端吊起。

平面位置校正：吊车梁平面位置校正内容包括直线度（使同一纵轴线上各梁的中线在一条直线上）校正和跨距校正两项。一般6 m长、5 t以内吊车梁可用拉钢丝法和仪器放线法校正。

拉钢丝法是根据柱轴线用经纬仪将吊车梁的中线放到一跨四角的吊车梁上，并用钢尺校核跨距，然后分别在两条中线上拉一根16～18号钢丝。钢丝中部用圆钢支垫。两端垫高20 cm左右，并悬挂重物拉紧。钢丝拉好后，凡是中线与钢丝不重合的吊车梁均应用撬杠予以拨正。

仪器放线法也称为平移轴线法，用经纬仪将与吊车梁轴线距离为定值的某一校正基准线引至吊车梁顶面处的柱身上，定值由放线者自行决定。校正时，凡是吊车梁中心线至柱基准线的距离不等于定值，用橇杠拨正。

在吊车梁校正完毕后，用连接钢板与柱侧面、吊车梁顶端的预埋铁件相焊接，并在接头处支模，浇灌细石混凝土，进行最后固定。

3．屋架

（1）绑扎

屋架的绑扎点应在上弦节点上，左右对称，绑扎中心（各吊索内力的合力作用点）应在屋架重心之上，以使屋架起吊后不会倾翻，基本保持水平。翻身或立直屋架时，吊索与水平线的夹角不宜小于60°，吊装时不宜小于45'，以免屋架吊升时承受过大的横向压力而失稳。为了减小吊索长度和所受的横向压力，必要时可采用横吊梁。绑扎点的数目及位置与屋架的形式和跨度有关，一般应经吊装验算确定。

（2）扶直

钢筋混凝土屋架一般在施工现场平卧叠层预制，吊装前应将屋架翻身扶直。扶直屋架时，起重机位于屋架下弦一边为正向扶直，起重机位于屋架上弦一边为反向扶直。这两种扶直方法的最大区别在于，扶直过程中前者升钩升臂，后者升钩降臂，使吊钩始终保持在上弦中的位置的上方。升臂比降臂易于操作且较安全，故应尽可能采用正向扶直。

屋架扶直后，立即进行就位排放。排放位置既要便于吊装，又要为其他构件预留排放位置，少占场地。当屋架就位排放位置和预制位置在起重机开行路线同侧时，为同侧就位排放；当屋架就位排放位置和预制位置分别在起重机开行路线两侧时，为异侧就位排放。后者相对前者旋转角度大，并且屋架两端的朝向已有变动。

（3）起吊、对位与临时固定

屋架起吊后，升钩超过柱顶，然后旋转屋架对准柱顶，缓慢落钩对位，对好线后立即进行临时固定，临时固定稳妥后才允许起重机脱钩。

第一榀屋架就位后，一般在其两侧设置两道缆风做临时固定，并用缆风来校正垂直度。当厂房有接风柱，且挡风柱顶需与屋架上弦连接时，可在校好屋架垂直度后，立即将其连接件安装固定。

之后的各榀屋架，可用屋架校正器做临时固定和校正。

（4）校正与最后固定

屋架垂直度的校正，一般15 m跨以内的屋架用一根校正器，18 m跨以上的屋架用两根校正器。为消除屋架旁弯对垂直度的影响，可用挂线卡子在屋架下弦一侧外伸一段距离拉线，并在上弦用同样距离挂线锤检查。

屋架经校正后，立即电焊固定。焊接时，应在屋架两端同时对角施焊，避免两端同侧施焊，以免因焊缝收缩使屋架倾斜。

（四）天窗架和屋面板的吊装

天窗架可在地面上与屋架拼装成整体后吊装，以减少高空作业，但对起重机的起重量和起重高度要求较高，也可在天窗架两侧屋面板吊装后单独吊装。

屋面板的吊装顺序，应自跨边向跨中两边对称进行，避免屋架单侧承受荷载而变形。在屋架或天窗架上的搁置长度符合设计规定，四角坐实后，保证有三个角点焊接，最后固定。

三、结构吊装方案

单层工业厂房结构吊装方案，主要考虑选择起重机械，确定结构吊装方法、起重机开行路线和构件的平面布置等问题。

（一）起重机械选择

起重机的选择直接影响到构件的吊装方法、起重机开行路线和构件的平面布置等，在安装工程中非常重要。其主要包括起重机类型和起重机型号的选择。

1. 起重机类型的选择

首先选择起重机的类型。选择起重机时，需要考虑技术上应先进、合理，即所选用起重机的起重能力满足构件吊装要求，使用方便，有较高的生产效率，满足安装进度要求；同时结合机械设备供应情况考虑施工费用要低。

一般中小型厂房，其构件的重量和吊装高度都不大，所以多采用自行杆式起重机，以履带式起重机应用最为广泛。重型厂房，因厂房的高度和跨度较大，构件的尺寸和重量也很大，设备安装时往往同结构安装同时进行，故采用重型塔式起重机或牵缆式起重机为宜。

2. 起重机型号的选择

起重机型号的选择应根据构件的质量、外形尺寸和安装高度来确定，使起重机的起重量、起重高度和起重半径均能满足结构吊装要求。

（二）单位工程结构吊装方法

其按起重机行驶路线可分为跨内吊装法和跨外吊装法，根据起重机的起重能力和现场施工实际情况选择；按构件的吊装次序可分为分件吊装法、节间吊装法和综合吊装法。

分件吊装法是指起重机在单位吊装工程内每开行一次只吊装一种构件的方法。

其主要优点是施工内容单一、准备工作简单，因而构件吊装效率高，且便于管理，可利用更换起重臂长度的方法分别满足各类构件的吊装（如采用较短起重臂吊装柱，接长起重臂后吊装屋架）。其主要缺点是起重机行走频繁，不能按节间及早为下道工序创造工作面，屋面板吊装往往另需辅助起重设备。

节间吊装法是指起重机在吊装工程内的一次开行中，分节间吊装完各种类型的全部构件或大部分构件的吊装方法。其主要优点是起重机行走路线短，可及早按节间为下道工序创造工作面。其主要缺点是要求选用起重量较大的起重机，其起重臂长度要一次满足吊装全部各种构件的要求，因而不能充分发挥起重机的技术性能，各类构件均须运至现场堆放，吊装索具更换频繁，管理工作复杂。

起重机开行一次吊装完房屋全部构件的方法一般只在下列情况下采用：吊装某些特殊结构（如门架式结构）时；采用某些移动比较困难的起重机时。

综合吊装法是指建筑物内一部分构件采用分件吊装法吊装，另一部分构件采用节间吊装法吊装的方法。此法吸取了分件吊装法和节间吊装法的优点，是建筑结构较常用的方法。其普遍做法是：采用分件吊装法吊装柱、柱间支撑、吊车梁等构件；采用节间吊装法吊装屋盖的全部构件。

（三）结构吊装顺序

结构吊装顺序是指一个单位吊装工程在平面上的吊装次序，比如，在哪一跨始吊，从何节间始吊；如果划分施工段，其流水作业的顺序如何等。确定吊装顺序需注意以下内容：

第一，应考虑土建和设备安装等后续工序的施工顺序，以满足整个单位工程施工进度的要求。如某一跨度内，土建施工复杂或设备安装复杂，需较长的工作天数，则往往要安排该跨度先吊装，好让后续工序尽早开工。

第二，尽量与土建施工的流水顺序相一致。

第三，满足提高吊装效率和安全生产的要求。

第四，根据吊装工程现场的实际情况（如道路、相邻建筑物、高压线位置等），确定起重机从何处始吊，从何处退场。

（四）起重机开行路线

起重机开行路线与结构安装方法、构件吊装工艺、构件尺寸及重量、构件供应方式及起重机工作性能等诸多因素有关。吊装柱时根据跨度大小，可沿跨中或跨边开行；吊装屋盖系统时，起重机一般沿跨中开行。

当厂房具有多跨结构且面积较大时，为加速工程进度，可将厂房划分为若干施工段，选用多台起重机同时施工_，起重机分区段开行，完成该区段的全部安装任务；也可选用多台不同性能的起重机协同作业。

当厂房不但有多跨并列，而且有横跨时，可先在各纵向跨开行，然后在横跨开行。如纵向跨有高低跨并列时，一般采取先在高跨开行，这样有利于减少吊装偏差的累积。

（五）构件平面布置

构件平面布置是厂房结构安装工程的一项重要工作，布置不当将直接影响施工效率和工程进度。所以应根据现场条件、起重机工作性能、结构安装方案等因素合理安排。其平面布置有预制阶段的平面布置和构件安装前就位排放的平面布置两种，两者之间密切相关，需要一并考虑。

1. 构件平面布置的原则

进行结构构件的平面布置时，一般应考虑下列几点。

①满足吊装顺序的要求。②简化机械操作，即将构件堆放在适当位置，使起吊安装时，起重机的跑车、回转和起落吊杆等动作尽量减少。③保证起重机的行驶路线畅通和安全回转。④"重近轻远"，即将重构件堆放在距起重机停点比较近的地方，轻构件堆放在距起重机停点比较远的地方。单机吊装接近满荷载时，应将绑扎中心布置在起重机的安全回转半径内，并应尽量避免起重机带荷载行驶。⑤要便于进行下述工作：检查构件的编号和质量；清除预埋铁件上的水泥砂浆块，对空心板进行堵头，在屋架上、下弦安装或焊接支撑连接件，对屋架进行拼装、穿筋和张拉等。⑥便于堆放。对于重屋架，应按上述第④点办理；对于轻屋架，如起重机可以负荷行驶，可两榀或三榀靠柱子排放在一起。⑦现场预制构件要便于支模、运输及浇筑混凝土，以及便于抽芯、穿筋、张拉等。

2. 预制阶段平面布置

预制阶段平面布置的主要构件是柱和屋架。

柱的现场预制位置，即为吊装阶段就位排放位置，所以，应按吊装工艺要求进行平面布置：采用旋转法吊装时，柱斜向布置；采用滑行法吊装时，柱可纵向或斜向布置。

屋架通常在跨内平卧叠层预制，每叠3～4榀。布置方式有斜向、正反斜向和正反纵向布置三种。每叠屋架间留有1 m空隙，以便支模和浇筑混凝土。确定屋架的预制位置，还要考虑屋架的扶直、扶直的先后顺序和就位排放要求，先扶直者应放在上层。屋架跨度大，布置时要注意转动的方便性。为了便于屋架的扶直和吊运排放，常采用斜向布置。

3．构件安装前的就位排放平面布置

构件安装前的就位排放布置，是指柱吊装后吊车梁、屋架、天窗架、层面板等的布置。为了适应吊装工艺和提高起重机吊装效率，各种构件吊装前应按一定次序排放。

屋架翻身扶直后，随即吊运至预定位置，按垂直状态排放。排放有斜向排放和纵向排放两种方式。

屋架的斜向排放方式，用于重量较大的屋架，起重机定点吊装。屋架的纵向排放方式，用于重量较轻的屋架，允许起重机负荷行驶。纵向排放一般以4榀为一组，靠柱边顺轴线排放，屋架之间的净距不大于20 cm，相互之间用铁丝及支撑拉紧撑牢。每组屋架之间预留约3 m的间距作为横向通道。为防止在吊装过程中与已安装的屋架相碰撞，每组屋架的就位中心线可以安排在该组屋架倒数第二榀安装轴线之后约2 m处。

构件运抵施工现场后，按平面布置图的位置。根据其安装顺序和编号进行排放或集中堆放。吊车梁、连系梁通常在安装位置的柱列附近进行排放，跨内、外均可，有时也可随运随吊。直接安装，避免现场过于拥挤。屋面板，一般6～8块一叠靠柱边排放，布置在跨内时，根据起重机吊装屋面板时的起重半径，后退3～4个节间开始靠柱边排放；布置在跨外时，应后退2～3个节间靠柱边排放。其他小型构件，靠屋面板一侧排放。

构件平面布置受许多因素影响，拟订方案时，应充分考虑现场实际情况，因地制宜，绘制切实可行的构件平面布置图。

第四节　钢结构安装工程

轻型钢结构主要是指由圆钢、小角钢和冷弯薄壁型钢组成的结构。其适用范围一般是檩条、屋架、钢架、施工用托架等。其优点是结构轻巧、制作和安装可用较简单的设备、节约钢材、减少基础造价。轻型钢结构分为两类：一类是由圆钢和小角钢组成的轻型钢结构；另一类是由薄壁型钢组成的轻型结构。目前后一类轻型钢结构发展迅速，也是轻型钢结构发展的方向。

冷弯薄壁型钢是指厚度为2～6 mm的钢板或带钢经冷拔等方式弯曲而成的型

钢，其截面形状分开口和闭口两类。钢厂生产的闭口截面是圆管和矩形截面，是冷弯的开口截面用高频焊焊接而成。冷弯薄壁型钢可用来制作檩条、屋架、刚架等轻型钢结构，能有效地节约钢材，制作、运输和安装亦较方便，目前在单层钢结构中应用日趋广泛。

一、钢构件的制作

冷弯薄壁型钢的制作一般有成型、放样、号料和切割、装配、防腐处理等工序。

薄壁型钢的材质采用Q235钢或16锰钢，钢结构制造厂进行薄壁型钢成型时，钢板或带钢等一般用剪切机下料，辊压机整平，用边缘刨床刨平边缘。成型多用冷压成型，厚度为1～2 mm的薄钢板也可用弯板机冷弯成型。

薄壁型钢结构的放样与一般钢结构相同。常用的薄壁型钢屋架，不论用圆钢管或方钢管，其节点多不用节点板，构造都比普通钢结构要求高，因此放样和号料应具有足够的精度。

薄壁型钢号料时，规范规定不容许在非切割构件表面打凿子印和钢印，以免削弱截面。切割时最好用摩擦锯，其效率高、锯口平整。

冷弯薄壁型钢屋架的装配一般用一次装配法。焊接时应严格控制质量。防腐蚀是冷弯薄壁型钢加工中的重要环节，它会影响钢结构的维修和使用年限。

二、冷弯薄壁型钢结构安装

冷弯薄壁型钢结构安装前要检查和校正构件相互之间的关系尺寸、标高和构件本身安装孔的关系尺寸，检查构件的局部变形，如发现问题，应在地面预先校正或妥善解决。薄壁型钢和其结构在运输和堆放时应轻吊轻放，尽量减少局部变形。采用撑直机或锤击调直型钢或成品构件时，也要防止局部变形。

吊装时要采取适当措施防止产生过大的弯曲变形，应垫好吊索与构件的接触部位，以免损伤构件。不宜利用已安装就位的冷弯薄壁型钢构件起吊其他重物，以免引起局部变形，不得在主要受力部位加焊其他物件。

安装屋面板之前，应采取措施保证拉条拉紧和檩条的位置正确，檩条的扭角不得大于3°。

下面介绍钢架结构的轻钢结构单层屋的安装。这种结构目前应用广泛，如单层厂房、仓库等多采用此种结构。

轻钢结构单层屋主要由钢柱、屋盖细梁、檩条、墙梁（檩条）、屋盖和柱间支撑、屋面和墙面的彩钢板等组成。钢柱一般采用H型钢，通过地脚螺栓与混凝土基础连接，通过高强螺栓与屋盖梁连接，连接形式有直面连接或斜面连接。屋盖梁为工字形截面，根据内力情况可变截面，各段由高强螺栓连接。屋面檩条和墙梁多采用高强镀锌彩色钢板辊压成型的C形或Z形檩条，可由高强螺栓直接与屋盖梁的缘连接。屋面和墙面多用彩钢板，其是优质高强薄钢卷板（镀锌钢板、镀铝锌钢板）

经热浸合金镀层和烘涂彩色涂层经机器辅压而成。其厚度有0.5 mm、0.7 mm、0.8 mm、1.0 mm，1.2 mm几种，其表面涂层材料有普通双性聚酯、高分子聚酯、硅双性聚酯、金属PVDF、PVF贴膜、二烯溶液等。

轻钢结构单层屋安装前与普通钢结构一样，亦需对基础的轴线、标高、地脚螺栓位置及构件尺寸偏差等进行检查。

轻钢结构单层房屋由于构件自重轻，安装高度不大，多利用自行式（履带式、汽车式）起重机安装。钢架梁如果跨度大、稳定性差，为防止吊装时出现下挠和侧向失稳，可将钢架梁分成两段，一次吊装半榀，在空中对接。在有支撑的跨间，亦可将相邻两个半品钢架梁在地面拼装成刚性单元进行一次吊装。

轻钢结构单层屋安装，可采用综合吊装法或单件吊装法。采用综合吊装法时，先吊装一个节间的钢柱，经校正固定后立即吊装钢架梁和檩条等。屋面彩钢板由于重量轻，可在轻钢结构全部或部分安装完成后进行。

冷弯薄壁型钢结构在使用期间，应定期进行检查与维护，维护年限可根据结构的使用条件、表面处理方法、涂料品种及漆涂厚度确定。其维护应符合下述要求：

①当涂层表面开始出现锈斑或局部脱漆时，应重新涂装，不应待漆膜大面积劣化、返透时才进行维护。②重新涂装前应进行表面处理，彻底清除结构表面的积灰、污垢、铁锈及其他附着物，除锈后应立即涂漆维护。③重新涂装时亦应采用相应的配套涂料。④重新涂装的涂层质量应符合国家现行《钢结构工程施工质量验收规范》的规定。

（一）起重机

起重机包括自行式起重机、塔式起重机、拔杆式起重机和桅杆式起重，其中以前两种最为常见。索具包括钢丝绳、滑轮组、卷扬机和横吊梁等。

（二）钢筋混凝土预制构件的施工特点

在非设计位置上预先制作成型，通过施工机械将预制构件安装至设计位置。钢筋混凝土预制构件制作工艺有台座法、机组流水法和传送带流水法三种方法。混凝土的捣实成型对预制构件质量起着决定作用，常用的捣实方法有振动法、离心法、真空作业法、棍压法等。预制构件常用蒸汽养护等快速养护方法。其质量检验内容包括外观质量和规格尺寸、结构性能检验。

（三）混凝土预制构件吊装工艺

一般要经过绑扎、起吊、就位、临时固定、校正和最后固定等工序。柱、屋架、吊车梁等构件吊装方法各自不同。单层工业厂房结构吊装方案，主要考虑选择起重机，确定结构吊装方法、起重机开行路线和构件的平面布置等问题。根据起重量、起重高度、起重半径选择起重机型号。单位工程结构吊装方法按起重机行驶路线可分为跨内吊装法和跨外吊装法，根据起重机的起重能力和现场施工实际情况选择；按构件的吊装次序可分为分件吊装法、节间吊装法和综合吊装法。构件平面布置是厂房结构安装工程的一项重要工作，要合理布置。

（四）冷弯薄壁型钢结构安装方案

类似混凝土单层工业厂房结构，安装时尤其应注意钢结构构件变形带来的影响。

第五章　基础设计及新施工技术

地基及基础设计是以《工程地质勘察报告》（以下简称《地质报告》）为前提的设计，相对于上部结构的仅仅抗震参数中"场地类别"来源《地质报告》，地基及基础设计几乎全部参数都来源于《地质报告》，所以地基基础部分的施工图设计之初我们必须要求业主提供一份由专业的勘察单位提供的正式《地质报告》，否则我们关于地基基础的一切设计都是初步的，不能作为施工依据。

地基基础形式的选择要兼顾工程所在地的实际情况，尽量做到因地制宜，采用当地成熟的工法，就地取材。同时根据上部结构特点和《地质报告》提供的地基参数，综合分析后做出最终的基础形式。

第一节　天然地基承载力

基础都是坐落在地基上的，设计基础首先要搞清楚地基的各种技术参数，地基参数中最基本的就是承载力。地基承载力虽然是由勘察单位出具的《地质报告》提供，但是作为结构师还是要对它有所了解才能做出既安全又经济的基础设计。我国地基承载力是以"特征值"形式反映的，地基承载力"特征值"可由载荷试验或其他原位测试、公式计算，并结合工程实践经验等方法综合确定。本文只介绍最常见的载荷试验法，其余方法原理类似，大家有兴趣可以去查阅相关资料。

一、浅层平板载荷试验

浅层平板载荷试验针对浅层土，是用面积为 $0.25\sim0.50m^2$ 的承压板在被测的地基持力层上加载得到荷载（p）—沉降（s）曲线（即 p—s 曲线）如图11-1所示，从而得到承载力特征值。

第一，当曲线上有比例界限 [图5-1（a）中 P_u 大于等于 $=2p_0$] 时，承载力特征值取该比例界限所对应的荷载值。

第二，当极限荷载小于对应比例界限的荷载值的2倍 [图5-1（a）中 p_u 小于 $2p_0$]

时，承载力特征值取极限荷载值的一半。

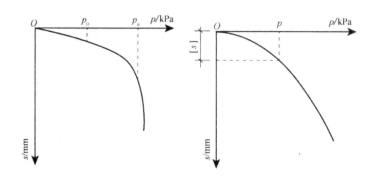

图5-1 浅层平板载荷试验曲线

第三，当不能按上述两款要求确定时，当压板面积为0.25～0.50 m², 承载力特征值取=0.01～0.015所对应的荷载，但其值不应大于最大加载量的一半。

图5-1（a）代表密实砂土、硬塑黏土等低压缩性土，p^{-s} 曲线有明显转折点，其沉降量很小，一般为建筑物所允许，承载力由强度控制。比例界限 p_0 发展到破坏的极限点 p_u 有一段过程，承载力特征值取该例界限所对应的荷载值安全储备足够。但是也有少数土 p_0 和 p_u 很接近，破坏性质呈现类似"塑性"，这时候承载力特征值再取久就不合适了，应该取极限荷载值的一半。从上面的分析我们也不难看出，其实承载力特征值相对极限破坏模式的安全系数是2。

图5-1（b）代表中、高压缩性土，如松砂，可塑黏土、填土等，斧，曲线无明显转折点，但斜率随着荷载的增大逐渐增大，承载力由沉降控制。在大量实测资料基础上得出了承载力特征值与沉降的关系。

二、深层平板载荷试验

深层平板载荷试验针对深层土，采用直径为0.8 m的承压板，其余要求与浅层平板载荷试验类似，不详细展开。从两种平板载荷的承压板面积我们可以看出承压板面积远小于实际基础地面，相同压强下小面积受力的土更容易压坏，因此会导致同一土层试验承载力比实际承载力小。同时浅层试验平板无法模拟实际基础两侧基底标高以上的超载对基础两侧滑动土体向上滑动的抵抗作用，也会导致同一土层试验承载力比实际承载力小。《地基》第5.2.4条提出了承载力特征值修正要求如下：

当基础宽度大于3 m或埋置深度大于0.5 m时，从载荷试验或其他原位测试、经验值等方法确定的地基承载力特征值，尚应按下式修正：

$$f_a = f_{ak} + \eta_b \gamma (b-3) + \eta_d \gamma_m (d-0.5) \qquad (5\text{-}1)$$

式中：f_o——修正后的地基承载力特征值，用于基础设计。

f_{ak}——地基承载力特征值，由《地质报告》提供。

η_h, η_d——基础宽度和埋深的地基承载力修正系数，按基底下土类别查表5-1

γ——基础底面以下土的重度，地下水位以下取浮重度。

b——基础底面宽度（m），当基宽小于3 m按3 m取值，大于6 m按6 m取值。

γ_m——基础底面以上土的加权平均重度，地下水位以下取浮重度。

d——基础埋置深度（m），一般自室外地面标高算起。在填方整平地区，可自填土地面标高算起，但填土在上部结构施工后完成时，应从天然地面标高算起。对于地下室，如采用箱形基础或筏基时，基础埋置深度自室外地面标高算起；当采用独立基础或条形基础时，应从室内地面标高算起。

如何修正承载力是天然基础设计的关键，我们要注意以下几点：

第一，通常，承载力特征值由平板载荷试验得出，此时：f_{ak}代表未经修正的承载力特征值，由《地质报告》给出；f_a代表修正后的承载力特征值，《地质报告》不提供，需要我们自己计算得出。但是当《地质报告》根据土的抗剪强度指标确定地基承载力特征值时是不需要深宽修正的，直接给出f_a（这种情况不常见但需要知道）。岩石地基的承载力特征值是根据岩石的饱和单轴抗压强度标准值换算出来的，也不需要深宽修正，《地质报告》直接给出f_a。

第二，《地质报告》给出的f_{sk}如果是按深层平板载荷试验确定的，f_a需要宽度修正但不需要深度修正。

第三，采用独立基础或条形基础形式的地下室用于深度修正的埋置深度应从室内标高算起。因为深度修正的本质就是考虑基础两侧基底以上土自重压力，可以一定程度阻止基底土向两侧滑动，也就是可以一定程度阻止地基破坏。而独立基础或条形基础地下室室内地面以上无土，起不到阻止基底土滑动的作用，故d应从室内标高算起。同理，采用筏板基础形式的地下室用于深度修正的埋置深度d应从室外标高算起。

第四，填土整平地区，先填土后施工基础时，因为此时填土对持力层的影响与现状土无差异，深度修正可以从填土地面标高算起；但是当在上部结构施工完成后才填土时，此时填土对持力层的有利作用尚未发挥而持力层已经开始工作，故偏于

安全地规定深度修正应从天然地面标高算起

第五，主楼+裙房这种结构形式对于主楼承载力特征值的修正时，更要特别注意 d 的取值（图5-2）。

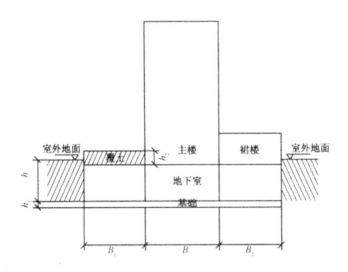

图5-2 主群楼结构承载力深度修正系数d取值示意

①当或者 B_1 小于 B_2 时，主楼两侧基底以上超载无法阻止基底土滑动， $d = h_1$ 。

②当 B_1 及 B_2 均大于等于2B的时候，主楼两侧基底以上超载可以阻止基底土滑动，但仅限于 B_1 及 B_2 宽度范围（ h 厚土仍然不起作用）。 $d = （ h_1 + h_2 + 1.5$ 左侧地下室顶板厚， $h_1 + 1.5$ 右侧地下室顶板厚 $+ 1.5$ 右侧裙房各层楼板总厚）两者取小值，其中1.5板厚是按重量相等的原则把楼板厚换算为土埋深。

除了上文介绍的最常见的浅层平板载荷试验确定地基承载力特征值外，还有几种确定承载力的方法：

第一，深层平板载荷试验，用以确定较深土层的承载力特征值，深度修正系数取0，宽度修正系数取值同浅层平板载荷试验。

第二，根据土的抗剪强度指标确定地基承载力特征值：

$$f_A = M_b \gamma b + M_d \gamma_m d + M_c C_k \qquad （5-2）$$

式中，参数含义见《地基》第5.2.5条，此种方法得出的地基承载力特征值不需要进行深宽修正。

第三，岩石地基承载力特征值 $f_x = \psi_t f_{rk}$ ，其中 f_{tk} 为岩石饱和单轴抗压强度标准值，也为折减系数。详见《地基》第5.2.6条，此种方法得出的地基承载力特征值不需要进行深宽修正。

第二节　基础埋置深度

基础应有一定的埋置深度，《地基》第5.1.2条规定：除岩石地基外，基础埋深不宜小于0.5即便是岩石地基埋深也建议不要小于0.5 m，因为太浅的基础稳定性不好。

在满足稳定和变形的前提下基础应尽量浅埋，一般埋深不小于0.5 m即可（埋深是从基础底面算起的，也就是说如果基础的厚度是500 mm，理论上基础顶面可以紧贴自然地面）。因为基础埋得越深，基础上面压的土就越重，导致基础底面积越大。一般来讲实际工程的持力层都不会是水平的，当持力层起伏不大时，基础底标高保持一致且进入持力层最低点不小于300 mm；当持力层起伏较大时，基础底面采用变标且均进入持力层不小于300 mm。至于持力层的选择，当上层土承载力大于下层土时，宜利用上层土作持力层。

高层建筑的埋深若不足就会导致上部结构倾覆滑移，规范给出了高层建筑不需要验算倾覆滑移的地下室最小埋深。《高规》第12.1.8条规定：基础应有一定的埋置深度。确定埋置深度时，应综合考虑建筑物的高度、体型、地基土质、抗震设防烈度等因素。高层建筑基础埋置深度可从室外地坪算至基础底面，并宜符合下列规定：

第一，天然地基或复合地基，可取房屋高度的1/15；

第二，桩基础，不计桩长，可取房屋高度的1/18

当地基可能产生滑移时，应采取有效的抗滑移措施。

增加带地下室的基础埋深还可以有效减少沉降。带地下室的基础埋深越深，避免回填土的重量就越重，上部结构层数不多时避免的回填土量甚至达到或者超过了建筑物本身的总重量，这就有效补偿了上部结构的压力，从而有效减少了沉降。

为了避免新建建筑基础影响既有建筑的安全或正常使用，《地基》第5.1.6条规定：当存在相邻建筑物时，新建建筑物的基础埋深不宜大于原有建筑基础。当埋深大于原有建筑基础时，两基础间应保持一定净距，其数值应根据原有建筑荷载大小、基础形式和土质情况确定。当由于场地条件制约无法满足《地基》第5.1.6条规定的时候，新建建筑基础应采取分段施工，设临时加固支撑、打板桩、地下连续墙等施工措施，或加固原有建筑物地基。这一条非常重要，大家一定要引起重视，否则可能会引发原有建筑的沉降、开裂甚至倒塌。

有些北方区域的建筑场地属于季节性冻胀地基，这时候的基础需要保证一定的埋置深度来避免冻胀危害及基础的安全或正常使用。《地基》第5.1.8条规定：季节性冻土地区基础埋置深度宜大于场地冻结深度。对于深厚季节冻土地区，当建筑基础底面土层为不冻胀、弱冻胀、冻胀土时，基础埋置深度可以小于场地冻结深度，基底允许冻土层最大厚度应根据当地经验确定。此时，基础最小埋深 d_{mm} 可按下式计算：

$$d_{min} = z_d - h_{max} \tag{5-3}$$

式中： z_d ——场地冻结深度（m）；

h_{mik} ——基础底面下允许冻土层的最大厚度（Hl）。

z_d / h_{max} 在《地基》5.1节中均给出了计算公式，但是规范的公式仅供参考，实际工程中还是以当地勘察部门提供的《地质报告》中给出的数值为准。基础设计我们要注意一点的原则就是当地的工程实践经验优先于理论计算，当然这种工程实践应该是广泛被认可同时具备相关资质的勘察部门签字盖章确认后的经验。同理冻胀类别属于不冻胀、弱冻胀、冻胀或强冻胀土也是以《地质报告》为准，规范判断仅作参考。

季节性冻胀地基还应在构造上采取如下防冻害措施：

第一，地基土冻结膨胀时所产生的冻胀力通过土与基础牢固冻结在一起的剪切面传递，砂类土的持水能力很小，当砂土处在地下水位之上时，其力学性能接近松散冻土，可以传递的切向冻胀力也很小。所以对于地下水位以上的基础侧表面应回填不冻胀的中、粗砂，其厚度不应小于200 mm。

第二，当基础处于地下水位以上时，砂土含水冻结无法消除切向冻胀力这时只需采用桩基础或者把独立基础及条形基础的截面做成梯形斜面而不是阶梯形或矩形截面。梯形斜面基础可以有效化解切向冻胀力，无论基础位于地下水位以上还是以下均适用；实践证明梯形斜面基础耐久性好，反复冻融下效果不变；梯形斜面基础不需要另加保温材料，经济性能良好；但是梯形斜面基础施工比常规基础要复杂，同时施工时要特别注意侧面粗糙时应用水泥砂浆抹平。

第三，选择地势高、地下水位低、地表排水条件好的建筑场地可一定范围内减轻冻胀。对低洼场地，建筑物室外地坪标高应至少高出自然地面300～500 mm，其范围不宜小于建筑四周向外各1倍冻深距离的范围。

第四，水会加重冻胀效应，所以要做好排水设施，施工和使用期间防止水浸入建筑地基。在山区应设截水沟或在建筑物下设置暗沟，以排走地表水和潜水。

第五，在强冻胀性和特强冻胀性地基上，其基础结构应设置钢筋混凝土圈梁和基础梁，并控制建筑的长高比以加强结构自身刚度对抗冻胀。

第六，当独立基础联系梁下或桩基础承台下有冻土时，应在梁或承台下留有相当于该土层冻胀量的空隙。

第七，外门斗、室外台阶和散水坡等部位宜与主体结构断开，散水坡分段不宜超过1.5 m，坡度不宜小于3%，其下宜填入非冻胀性材料。

第八，对跨年度施工的建筑，入冬前应对地基采取相应的防护措施；按采暖设计的建筑物，当冬季不能正常采暖时，也应对地基采取保温措施。

上述是选择天然基础埋深常用的原则。除此之外，还要注意地基主要受力范围内是否存在液化土层，如存在液化土层一般要对液化土层采取地基处理（如换填液化土、强夯、振冲、振动加密以及挤密碎石桩等）或者改用桩基的措施，不宜将未经处理的液化土层作为天然地基的持力层。有关液化土在桩基设计里会有详细讲解。

第三节 地基基础设计等级

建筑地基基础设计等级是按照地基基础设计的复杂性和技术难度确定的，划分时考虑了建筑物的性质、规模、高度和体型；对地基变形的要求；场地和地基条件的复杂程度；由于地基问题对建筑物的安全和正常使用可能造成影响的严重程度等因素。《地基》第3.0.1条规定了地基基础的设计等级。

不同设计等级的地基基础，结构设计要求是不一样的.《地基》第3.0.1条规定：

第一，所有建筑物的地基计算均应满足承载力计算的有关规定。

第二，设计等级为甲级、乙级的建筑物，均应按地基变形规定。

第三，上表所列范围内设计等级为丙级的建筑物可不作变形验算，如有下列情况之一时，仍应作变形验算：

①地基承载力特征值小于130 kPa，且体型复杂的建筑；

②在基础上及其附近有地面堆载，或相邻基础荷载差异较大，可能引起地基产生过大的不均匀沉降时；

③软弱地基上的建筑物存在偏心荷载时；

④相邻建筑距离过近，可能发生倾斜时；

⑤地基内有厚度较大或厚薄不均的填土，其自重固结未完成时。

第四，对经常受水平荷载作用的高层建筑、高耸结构和挡土墙等，以及建造在斜坡上或边坡附近的建筑物和构筑物，尚应验算其稳定性。

第五，基坑工程应进行稳定验算。

第六，建筑地下室或地下构筑物存在上浮问题时，尚应进行抗浮验算。

第四节　独立基础及墙下条形基础

独立基础是在实际工程中应用最广泛的一种基础形式。独立基础具有受力简单、施工方便、造价低等特点。墙下条形基础本质上可以看作是一个方向无限长的独立基础，概念上和独立基础并无本质区别，这里不再详细展开，细微的差别可以查阅《地基》。

目前的电算程序可以实现根据输入的地基承载力特征值和上部结构模型结果，自动生成独立基础。但是对结果合理性的判断及现场施工问题的处理，仍然基于理论计算，因此掌握如何进行理论计算非常重要._

一、基础底面积计算

独立基础的基底面积可以先按柱底轴心压力标准值除以地基承载力特征值后放大1.1倍进行初步估算，估算后的基底面积再代入相应公式进行校核。下面我们介绍如何进行校核。

（一）一般情况下

基底压力应符合下列要求：

轴心荷载作用时

$$p_k = (F_k + G_k) / A \leqslant f_a \qquad (5\text{-}4)$$

偏心荷载作用时，当偏心距 $e \leqslant b / 6$ 时

$$p_{k,max} = (F_k + G_k) / A + M_k / W \leqslant 1.2 f_a \qquad (5\text{-}5)$$

偏心荷载作用时，当偏心距 $e > b / 6$ 时

$$p_{k,max} = 2(F_k + G_k) / (3La) \leqslant 1.2 f_a \qquad (5\text{-}6)$$

式中：F_k——相应于荷载效应标准组合时，上部结构传至基础顶面的竖向力值；

　　　G_k——基础自重和基础上的土重；

　　　A——基础底面面积；

M_k——相应于荷载效应标准组合时，作用于基础底面的力矩值；

W_k——基础底面的抵抗矩，$W_k = Lb^2/6$；

b——力矩作用方向的基础底面边长；

L——垂直于力矩作用方向的基础底面边长；

a——合力作用点至基础底面最大压力边缘的距离；

e——合力作用点至基础底面形心的距离；

f_a——修正后的地基承载力特征值。

地基土在循环作用下土体强度有所提高，同时偶然作用下容许可靠度可以有一定降低，因此《抗震》第4.2.3条规定了地基土在地震工况下的承载力允许有一定提高，详见式（5-7）。

$$f_{nE} = \xi_a f_a \qquad (5-7)$$

式中：f_{aE}——调整后的地基抗震承载力；

　　　ξ_a——地基抗震承载力调整系数，应按表5-3采用；

　　　f_n——深宽修正后的地基承载力特征值。

独立基础设计在工程实践中应注意以下几点：

第一，有些工程比如高设防烈度区的工程，有时会出现角部基础底面积大于等于中部基础底面积的现象，似乎有悖常理，因为等柱跨的前提下角部基础承担的上部结构竖向荷载只是中部基础的一半。产生这种现象主要是因为水平力较大，导致角柱弯矩较大，从而导致Pk虽然不大但是较大，以至于基础底面积较大。这是一种正常现象。

第二，如果基础间设置了拉梁，计算的时候可以适当考虑拉梁承担掉了一部分弯矩来减小基础底面积，具体承担弯矩的百分比要根据拉梁的截面配筋结合工程经验确定。

（二）当地基受力层范围内有软弱下卧层时

应同时符合下列要求：

①按式（5-8）验算软弱下卧层的地基承载力：

$$P_z + P_{cz} \leqslant f_{ax} \qquad (5-8)$$

式中：P_x——相应于荷载效应标准组合时，软弱下卧层顶面处的附加压力值；

　　　P_{az}——软卧下卧层顶面处土的自重压力值；

f_{au}——软卧下卧层顶面处经深度修正后地基承载力特征值。

②对条形基础和矩形基础，P_x 值可按式（5-9）和式（5-10）简化计算：

条形基础

$$P_x = b\left(P_k - P_c\right)/(b + 2z\tan\theta) \qquad （5-9）$$

矩形基础

$$P_x = Lb\left(P_k - P_c\right)/[(b + 2z\tan\theta)(L + 2z\tan\theta)] \qquad （5-10）$$

式中：b——矩形基础或条形基础底边的宽度；

L——矩形基础底边的长度；

P_c——基础底面处土的自重压力值；

z——基础底面至软弱下卧层顶面的距离；

θ——地基压力扩散线与垂直线的夹角。

工程实践中软弱下卧层验算应注意以下几点：

第一，根据《地基》表3.0.3注1：地基主要受力层系指条形基础底面下深度为3b（b 为基础底面宽度），独立基础下为1.5b，且厚度均不小于5 m的范围（二层以下一般的民用建筑除外）。当软弱层的深度超过了受力层深度不需要验算软弱下卧层。

第二，软弱下卧层验算功能整体电算程序一般不提供，需要手工核算，公式应熟练掌握。

第二，虽然在独立介绍软弱下卧层验算，但是所有的基础形式包括桩基只要地基受力层范围内有软弱下卧层都需要验算。其中筏板基础的软弱下卧层验算可以按一个巨大的独立基础公式计算，桩基的软弱下卧层验算我们在后面详细讲解。

第三，软弱下卧层验算的本质是：基底附加压力按 θ 角扩散到软弱下卧层顶+软弱下卧层顶面处土的自重压力值小于软卧下卧层顶面处经深度修正后地基承载力特征值。再简单讲就是基底面积按 θ 扩散到软弱下卧层顶的有利效应要大于软弱下卧层承载力比基础底面承载力低的不利效用。

二、基础结构设计

基础结构设计首先要掌握独立基础的构造要求，才能初步选择出合适的基础断面；再通过对初选的基础断面进行计算验证其合理性；最后按强度计算结果配出符合要求的钢筋。

（一）规范中扩展基础的构造要求

《地基》第8.2.1条对扩展基础（独立基础、条形基础）的构造有如下要求：

第一，锥形基础的边缘高度不宜小于200 mm，且两个方向的坡度不宜大于1：3；阶梯形基础的每阶高度宜为300～500 mm。

第二，垫层的厚度不宜小于70 mm，垫层混凝土强度等级应为C10。

第三，扩展基础底板受力钢筋最小配筋率不应小于0.15%，底板受力钢筋最小直径不应小于10 mm；间距不宜大于200 mm，也不应小于100 mm。墙下钢筋混凝土条形基础纵向分布钢筋的直径不应小于8 mm；间距不大于300 mm；每延米分布钢筋的面积应不小于受力钢筋面积的15%。当有垫层时钢筋保护层的厚度不小应于40 mm；无垫层时不应小于70 mm。

第四，混凝土强度等级不应低于C20。

第五，当柱下钢筋混凝土独立基础的边长和墙下钢筋混凝土条形基础的宽度大于或等于2.5 m时，底板受力钢筋的长度可取边长或宽度0.9倍，并宜交错布置。

第六，钢筋混凝土条形基础底板在T形及十字形交接处，底板横向受力钢筋仅沿一个主要受力方向通长布置，另一方向的横向受力钢筋可布置到主要受力方向底板宽度1/4处。在拐角处底板横向受力钢筋应沿两个方向布置。

（二）工程中扩展基础的构造要求

实际工程中扩展基础的构造要求需注意以下几点：

第一，《地下工程防水技术规范》第4.1.6条规定：防水混凝土结构底板的混凝土垫层，强度等级不应小于C15，厚度不应小于100 mm，在软弱土层中不应小于150mm。注意：只要是有建筑使用功能的地下室基础，无论其位于地下水位以上还是地下水位以下，都需要采用防水混凝土。无建筑使用功能的基础，无论其位于地下水位以上还是地下水位以下，都不需要采用防水混凝土。

第二，《地下工程防水技术规范》第4.1.3，4.1.4条规定了防水混凝土应满足抗渗等级要求及耐久性要求。

第四，独立基础根部厚度往往由冲切或剪切工况控制，根据弯矩计算所得的底板纵筋面积值往往小于最小配筋要求，因此需熟练掌握基础构造最小配筋要求。《基础》第8.2.12条规定：计算最小配筋率时，对阶梯形或锥形基础截面，可按截面的折算，宽度和截面的有效高度折算成矩形截面。

（三）规范中独立基础的强度计算

《地基》第8.2.7条规定了独立基础需要强度计算的内容如下：

第一，对柱下独立基础，当冲切破坏锥体落在基础底面以内时，应验算柱与基础交接处以及基础变阶处的受冲切承载力。

第二，对基础底面短边尺寸小于或等于柱宽加2倍基础有效高度的柱下独立基础以及墙下条形基础，应验算柱（墙）与基础交接处的基础受剪切承载力。

第三，基础底板的配筋，应按抗弯计算确定：

$$\rho = A_s / A \geqslant \rho_{min} = 0.15\% \tag{5-11}$$

第四，当基础的混凝土强度等级小于柱的混凝土强度等级时，尚应验算柱下基础顶面的局部受压承载力。

第一，二条其实是在讲述同一件事情。因为抗冲切和抗剪也没有本质的区别，冲切破坏可以看成是剪切破坏的一种特殊形式。绝大多数独立基础高度是由抗冲切或者抗剪切决定的，抗弯决定的是基础底板配筋。

第四条特别要注意局部承压公式的选取，因为这个一般电算程序里面没有，需要手工复核。这里的局部承压公式应选取《混凝土》中的素混凝土局部承压公式而不是《混凝土》第6.6.1～6.6.3条中的配置间接钢筋的混凝土构件局部承压公式，因为第6.6.1～6.6.3条仅仅适用于构件中按要求配置了间接钢筋的情况。

三、基础沉降计算

《地基》第3.0.2规定：设计等级为甲级、乙级的建筑物，均应按地基变形设计；设计等级为丙级的建筑物有下列情况之一时应作变形验算：

第一，地基承载力特征值小于130 kPa，且体型复杂的建筑；

第二，在基础上及其附近有地面堆载或相邻基础荷载差异较大，可能引起地基产生过大的不均匀沉降时；

第三，软弱地基上的建筑物存在偏心荷载时；

第四，相邻建筑距离近，可能发生倾斜时；

第五，地基内有厚度较大或厚薄不均的填土，其自重固结未完成时。

《地基》第5.3.4规定了沉降的允许值：

对于基础沉降，《地基》采用分层总和法，按下式计算：

$$s = \psi_s \sum p_0 \left(z_i \bar{\alpha}_i - z_{i-1} \bar{\alpha}_{i-1} \right) / E_{si} \qquad (5\text{-}12)$$

式中：s——地基最终变形量（mm）；

ψ_s——沉降计算经验系数；

p_0——对应于荷载效应准永久组合时的基础底面处的附加压力（kPa）；

E_{si}——基础底面下第 i 层土的压缩模量（MPa）；

z_i，z_{i-1}——基础底面至第 i 层土、第 i-1 层土底面的距离（m）；

$\bar{\alpha}_i$，$\bar{\alpha}_{i-1}$——基础底面计算点至第 i 层土、第 i-1 层土底面范围内平均附加应力系数，可以通过查《地基》给出的表格得到。

当计算基础沉降时，我们要注意以下几个问题：

第一，基础的最终沉降为各层土压缩变形量的和。

第二，各层的压缩模量越小其变形越大。

第三，导致基础沉降的外力是附加压力，附加压力=上部结构加基础重-基础所在空间的土重。例如一栋20层的高层建筑，不设置地下室和设置地下室沉降是不一样的，因为设置地下室后会大大减小附加压力 p_0 值。

地基变形计算深度应符合下式要求。当计算深度下部仍有较软土层时，应继续计算。

$$\Delta S_n' \leqslant 0.025 \sum \Delta S_i' \qquad (5\text{-}12)$$

式中：$\Delta S_i'$——在计算深度范围内，第/层土的计算变形值；

$\Delta S_n'$——在由计算深度向上取厚度为的土层计算变形值。

第五节　柱下条形基础

柱下条形基础主要应用于由于上部结构层数较多或地基承载力较低而导致若布置独立基础则基础平面尺寸多数大于3 m的情况。柱下条形基础的基础底面积计算及沉降计算与独立基础一样。

柱下条形基础在构造上除了要满足与独立基础相同的要求外，还需要满足《地基》第8.3.1条的规定：

（1）柱下条形基础梁的高度宜为柱距的1/8～1/4。翼板厚度不应小于200 mm。当翼板厚度大于250 mm时，宜采用变厚度翼板，其坡度宜小于或等于1∶3。

（2）条形基础的端部宜向外伸出，其长度宜为第一跨距的0.25倍。

（3）现浇柱与条形基础梁的交接处，基础梁平面尺寸不应大于柱的平面尺寸，且柱的边缘至基础边缘的距离不得小于50 mm。

（4）条形基础梁顶部和底部的纵向受力钢筋除满足计算要求外，顶部钢筋按计算配筋全部贯通，底部通长钢筋不应少于底部受力钢筋截面总面积的1/3。

柱下条形基础结构计算按《地基》第8.3.2条的规定：

（1）在比较均匀的地基上1上部结构刚度较好，荷载分布较均匀，且条形基础梁的高度不小于1/6柱距时，地基反力可按直线分布，条形基础梁的内力可按连续梁计算，此时边跨、跨中弯矩及第一内支座的弯矩值宜乘以1.2的系数。

（2）当不满足本条第（1）款的要求时，宜按弹性地基梁计算。

（3）对交叉条形基础，交点上的柱荷载，可按交叉梁的刚度或变形协调的要求，进行分配；其内力可按本条上述规定分别进行计算。

（4）验算柱边缘处基础梁的受剪承载力。

（5）当存在扭矩时，尚应作抗扭计算。

（6）当条形基础的混凝土强度等级小于柱的混凝土强度等级时，尚应验算柱下条形基础梁顶面的局部受压承载力。

第六节　高层建筑筏形基础

筏形基础广泛应用于高层建筑，特别是带有地下室的高层建筑。筏形基础刚度相对较大，整体性好，可以在一定程度上协调上部结构的不均匀沉降。筏形基础也更有利于地下室的防水及抗震，同时筏形基础施工方便，在一定条件下是经济的。筏形基础分为平板式筏形基础及梁板式筏形基础两种，其选型应根据地基土质、上部结构体系、柱距、荷载大小以及施工条件等因素确定。框架-核心筒结构和筒中筒结构宜采用平板式筏形基础。

高层建筑由于楼身质心高、荷载重，当筏形基础开始产生倾斜后，建筑物总重对基础底面形心将产生新的倾覆力矩增量，而倾覆力矩的增量又产生新的倾斜增量，倾斜可能随时间而增长，直至地基变形稳定为止。因此，为避免基础产生倾斜，应尽量使结构竖向荷载合力作用点与基础平面形心重合。但是实际工程中偏心是难以避免的，因此《地基》第8.4.2条规定了在荷载效应准永久组合时，偏心距宜符合下式规定：

$$e \leqslant 0.1W/A \tag{5-13}$$

式中：W——与偏心距方向一致的基础底面边缘抵抗矩；

A——基础底面积。

旧版《高规》也有相同的规定，但2010版的《高规》第12.1.6条取消了偏心距公式，只是规定：高层建筑主体结构基础底面形心宜与永久作用重力荷载重心重合，当采用桩基础时，桩基的竖向刚度中心宜与高层建筑主体结构永久重力荷载重心重合。但是条文说明强调：并不是放松要求，而是因为实际工程平面形状复杂时，偏心距及其限值难以准确计算。实际工程中控制偏心距e值是很有必要的，控制e值需要注意以下几点：

第一，控制偏心距e值的目的就是为了防止上部结构倾斜，倾斜又是由不均匀沉降导致的，所以荷载组合应该选用准永久组合而不是标准组合。

第二，严格意义的偏心应该指上部结构重心与基础反力形心或桩基反力形心之间的偏心，而不是基础平面形心或桩基形心。但实际工程中每根桩基的反力都不同，要求出群桩反力形心比较困难。同样的道理，筏板基底反力也不一定是均匀分布的，求筏板基底反力形心也比较困难，在能够满足工程精度的前提下，规范用形状中心代替了反力形心。但是大家一定要在概念上搞清楚这件事情的本质。比如《高规》第12.1.6条提出的桩基竖向刚度中心的概念明显不是一般意义的桩群形心，这是因为当框架-核心筒等结构形式采取不同长度的变刚度桩基础时，就不应该再采用桩群形心，而应该采用反力形心计算偏心距才是准确的。同时《桩基》第3.3.3-2条也要求宜使桩群承载力合力点与竖向永久荷载合力作用点重合。

第三，主裙楼应分开计算：对于主裙楼结构及层数相差较多的连体结构，哪怕采用同一种基础形式，基底反力依然相差很大，因此基础形心与基底反力形心相差很大，用基础形心代替基底反力形心已经不合适了。此时如果机械地执行《地基》第8.4.2条就会发现上部重心与基础形心是不可能满足要求的，这时候主裙楼应分开计算更加合理，也就是不含裙房的主楼需要满足偏心要求，不含主楼的裙房也需要满足偏心要求，但主裙楼一体不需要满足偏心要求。

第五，当偏心距e值不满足要求时可以通过调整筏板边或者调整桩基布置的方法来解决。

筏基的板厚度由冲切或剪切控制，实际工程中需要注意以下几点：

第一，框架-核心筒结构不能漏掉内筒对底板的冲切验算。

第二，边角柱对底板的冲切要单独验算。

第三，当桩筏基础中桩没有布置在墙下时，桩对底板的冲切要单独验算。

第四，梁板式筏基板厚的最小要求是400 mm，平板式筏基板厚的最小要求是500

mm。

当墙或柱的混凝土强度等级高于筏形基础的强度等级时，筏形基础应做素混凝土局部承压验算。

筏形基础底板配筋主要由受弯控制。《地基》第8.4.14条对筏形基础受弯力学模式做出了如下规定：当地基土比较均匀、地基压缩层范围内无软弱土层或可液化土层、上部结构刚度较好、柱网和荷载较均匀、相邻柱荷载及柱间距的变化不超过20%，且梁板式筏基梁的高跨比或平板式筏基板的厚跨比不小于1/6时，筏形基础可仅考虑局部弯曲作用。筏形基础的内力，可按基底反力直线分布进行计算，计算时基底反力应扣除底板自重及其上填土的自重。当不满足上述要求时，筏基内力应按弹性地基梁板方法进行分析计算。实际工程中要注意以下几点：

第一，基底反力按直线分布的前提条件是针对天然地基上的筏形基础；

第二，对于高层建筑剪力墙结构桩筏基础设计，若剪力墙刚度较大、荷载均匀（无楼层高低相差较大）的情况下，桩均对准剪力墙的工程，可忽略整体弯曲，底板的受力就相当简单，底板只承担水浮力和某工况下有限土反力而导致的局部弯曲，计算可采用基底反力按直线分布假定（也就是倒楼盖法）进行，而这类工程在住宅工程中近年来往往占多数。

为使高层建筑结构在水平力和竖向荷载作用下，其地基压应力不致过于集中导致整体倾覆，《高规》第12.1.7条规定：在重力荷载与水平荷载标准值或重力荷载代表值与多遇水平地震标准值共同作用下，高宽比大于4的高层建筑，基础底面不宜出现零应力区；高宽比不大于4的高层建筑，基础底面与地基之间零应力区面积不应超过基础底面面积的15%。质量偏心较大的裙楼与主楼可分别计算基底应力。是否会出现零应力区，如果出现了零应力区其占比多少在电算程序的总信息里会有显示？这里我们要注意的是这个指标不是很显眼，但是对结构整体安全特别重要，平时就要养成关注这个指标的习惯。

防止高层倾覆还有一个重要指标就是基础埋置深度。《高规》第12.1.8条规定：基础应有一定的埋置深度。在确定埋置深度时，应综合考虑建筑物的高度、体型、地基土质、抗震设防烈度等因素。基础埋置深度可从室外地坪算至基础底面，并宜符合下列规定：

第一，天然地基或复合地基，可取房屋高度的1/15；

第二，桩基础，不计桩长，可取房屋高度的1/18。

当满足了基础零应力区，基础埋深的规定及前文所述的上部结构重力二阶效应的相关规定后，高层建筑结构的抗倾覆能力具有足够的安全储备，不需再验算结构的整体倾覆验算。

　　带裙房的高层建筑筏形基础有两种做法，一种是主楼与裙房之间设置沉降缝，另一种是主楼与裙房之间不设置沉降缝。主楼与裙房之间设置沉降缝的模式会极大地妨碍建筑功能，已经极少有人采用，这里我们只阐述主楼与裙房之间不设置沉降缝的情况。

　　主楼与裙房之间不设置沉降缝时，应设置沉降后浇带，沉降后浇带的封闭时间为主楼及裙房均施工完毕后，因为工程监测表明当工程主体结构完工后大部分沉降量已经完成。《地基》第8.4.20条规定：当高层建筑与相连的裙房之间不设置沉降缝时，宜在裙房一侧设置用于控制沉降差的后浇带，当沉降实测值和计算确定的后期沉降差满足设计要求后，方可进行后浇带混凝土浇筑。当高层建筑基础面积满足地基承载力和变形要求，后浇带宜设在与高层建筑相邻裙房的第一跨内。当需要满足高层建筑地基承载力、降低高层建筑沉降量，减小高层建筑与裙房间的沉降差而增大高层建筑基础面积时，后浇带可设在距主楼边柱的第二跨内，此时应满足以下条件：

　　第一，地基土质较均匀；

　　第二，裙房结构刚度较好且基础以上的地下室和裙房结构层数不少于两层；

　　第三，后浇带一侧与主楼连接的裙房基础底板厚度与高层建筑的基础底板厚度相同。

　　当高层建筑与相连的裙房之间不设沉降缝和后浇带时，高层建筑及与其紧邻一跨裙房的筏板应采用相同厚度，裙房筏板的厚度宜从第二跨裙房开始逐渐变化，应同时满足主、裙楼基础整体性和基础板的变形要求；应进行地基变形和基础内力的验算，验算时应分析地基与结构间变形的相互影响，并采取有效措施防止产生有不利影响的差异沉降。

　　筏板的最小配筋率也是0.15%，沉降计算同独立基础。

第七节　地下室外墙

　　地下室外墙由于环绕整个地下室外轮廓，长度较长，截面面积较大，因此竖向承重及水平抗剪均不是其控制性工况。通常，地下室外墙永久性承担的侧面水土压力为其控制性工况，决定着地下室外墙的截面厚度及配筋。电算程序中有关地下室外墙的计算模拟不够准确，在程序中输入外墙只是为了准确反应其对整体刚度的贡献，外墙的强度及裂缝需要手工重新计算。

半无限土体中Z深度一点土体单元，已知其水平面和竖直面都是主应力面。作用于该土单元上的竖直向主应力为自重应力 $\sigma_v = \gamma Z$ ，水平向主应力为 $\sigma_0 = k_0 \gamma Z$ （ γ 为土的重度，地下水位以下取浮重度； k_0 为侧向土压力系数）。这里的‰就是我们工程中所谓的侧向土压力，侧向土压力分三种情况：

第一，主动土压力：当挡土墙向离开土体方向偏移至土体达到极限平衡状态时，作用在墙上的土压力称为主动土压力，如公路护坡挡土墙后的土压力。

第二，被动土压力：当挡土墙向土体方向偏移至土体达到极限平衡状态时，作用在挡土墙上的土压力称为被动土压力，如桥梁墩台后的土压力。

第三，静止土压力：当挡土墙静止不动，土体处于弹性平衡状态时，土对墙的压力称为静止土压力。地下室外墙受到的土压力按静止土压力。

主动土压力小于静止土压力，静止土压力小于被动土压力。

静止土压力系数 $k_0 = 1 - \sin\varphi$ （ φ 为土的有效内摩擦角，与土的性质有关），工程上为了便于计算，可偏于保守地不分土类别统一取 $k_0 = 0.5$ 。当地下室施工采用护坡桩或连续墙支护时，也可考虑维护结构的有利作用，取t=0.33，相当于主动土压力。

地面上的均布竖向活荷载一般按10kN/m²考虑。一米宽度范围内地下室外墙承受底面荷载传导来的 $P_1 = k_u \times 10 \times 1 = 5$ kN/m ，一米宽度范围内主动土压力 $P_2 = k_0 \times \gamma \times H_1 \times 1$ ，土重度在工程中不分土类别统一取值为18kN/m³， $P_2 = 9H_1$ 米宽度范围内水压力为 $P_3 = 10 \times H_z \times 1 = 10H_2$ 由 P_1 , P_2 , P_a 值可求得墙板两侧的弯矩值 M_1 , M_2 ，根据 M_1 , M_2 可求出墙的竖向钢筋用量。工程中地下室外墙厚度要满足防水混凝土要求，最薄250 mm。也要满足裂缝要求，迎水面裂缝按最大0.2 mm控制，背水面裂缝按最大0.3 mm控制。

上面讲述的是常见的"水土压力分算"的计算模式，适用于砂性土。当外墙外侧土层均为黏性土时，也可以采用"水土压力合算"的计算模式。"水土压力合算"即考虑黏性土里面水的流动性很差，水与土无法做到彼此分开而是混为一体类似"稀粥"一样，此时水土混合容重一般按19取值，以三角形荷载的方式作用于外墙我国江南软土地区此类情况较多。

第六章 建筑安全及新施工技术

第一节 安全生产管理

安全生产管理是针对人们在生产过程中的安全问题，进行有关决策、计划、组织和控制等活动，实现生产过程中人与机器设备、物料、环境的和谐，达到安全生产的目的。装配式混凝土建筑施工作为新兴行业，其安全施工管理涉及到设计中的安全度、混凝土预制构件的生产安全、装配式混凝土建筑现场施工安全等各个环节.其规律和特点还需理论结合实践不断摸索和总结。

一、现代安全生产管理理论

（一）事故因果理论

美国著名安全工程师海因里希（Herbert William Heinrich）是最早（1941年）提出事故因果连锁理论的，他用该理论阐明导致伤亡事故的各种因素之间，以及这些因素与伤害之间的关系。海因里希理论的核心思想是：伤亡事故的发生不是一个孤立的事件，而是一系列原因事件相继发生的结果，即伤害与各原因相互之间具有连锁关系。

博德（FrankBird）在海因里希事故因果连锁理论的基础上，提出了与现代安全观点更加吻合的事故因果连锁理论。博德的事故因果连锁过程同样为五个因素，但每个因素的含义与海因里希的都有所不同。

1. 管理缺陷

对于大多数企业来说，由于各种原因，完全依靠工程技术措施预防事故既不经济也不现实，只能通过完善安全管理工作，经过较大的努力，才能防止事故的发生。只要生产没有实现本质安全化，就有发生事故及伤害的可能性，因此，安全管理是工程项目管理的重要一环。

2．个人及工作条件的原因

这方面的原因是由于管理缺陷造成的。个人原因包括缺乏安全知识或技能，行为动机不正确，生理或心理有问题等；作业条件原因包括安全操作规程不健全，设备、材料不合适，以及存在温度、湿度、粉尘、气体、噪声、照明、工作场地状况（如打滑的地面、障碍物、不可靠支撑物）等有害作业环境因素。只有找出并控制这些原因，才能有效地防止后续原因的发生，从而防止事故的发生。

3．直接原因

人的不安全行为或物的不安全状态是事故的直接原因。这种原因是安全管理中必须重点加以追究的原因。但是，直接原因只是一种表面现象，是深层次原因的表征。在实际工作中，不能停留在这种表面现象上，而要追究其背后隐藏的管理上的缺陷原因，并采取有效的控制措施.从根本上杜绝事故的发生。

4．事故

这里的事故被看做是人体或物体与超过其承受阈值的能量接触，或人体与妨碍正常生理活动的物质的接触。因此，防止事故就是防止接触。可以通过对装置、材料、工艺等的改进来防止能量的释放，或者操作者提高识别和回避危险的能力，佩带个人防护用具等来防止接触。

5．损失

人员伤害及财物损坏统称为损失。人员伤害包括工伤、职业病、精神创伤等。

在许多情况下，可以采取恰当的措施使事故造成的损失最大限度地减小。例如，对受伤人员进行迅速正确地抢救，对设备进行抢修以及平时对有关人员进行应急训练等。

（二）事故预防与控制基本原则

事故预防与控制包括两部分内容，即事故预防和事故控制.前者是指通过采用技术和管理的手段使事故不发生，而后者则是通过采用技术和管理的手段.使事故发生后不造成严重后果或使损失尽可能地减小。

对于事故的预防与控制，应从安全技术、安全教育、安全管理三个方面入手，采取相应措施。因为技术（Engineering）和教育（Education）、管理（Enforcement），三个英文单词的首字母均为E，人们称之为"3E"对策。这里，安全技术对策着重解决物的不安全状态的问题；安全教育对策和安全管理对策则主要着眼于人的不安全行为的问题，安全教育对策主要使人知道应该怎么做.而安全管理对策则是要求人必须怎么做。

换言之，为了防止事故发生，必须在上述三个方面实施事故预防与控制的对策，而且还应始终保持三者间的均衡，合理地采用相应措施，才能有效地预防和控制事故的发生。

1. 安全技术措施

安全技术措施包括预防事故发生和减少事故损失两个方面，这些措施归纳起来主要有以下几类：

（1）减少潜在危险因素

在新工艺、新产品的开发时，尽量避免使用危险的物质、危险工艺和危险设备，这是预防事故的最根本措施。例如：预制装配式混凝土结构深化设计时，考虑预制构件安装过程中的临边护栏、高处作业过程中安全带安放预埋件等，减少不规则、不对称构件并设计吊点预埋件等，减少施工过程的危险因素。

（2）降低潜在危险性的程度

潜在危险性往往达到一定的程度或强度才能施害，通过一些措施降低它的程度，使之处在安全范围以内就能防止事故发生。例如：预制装配式混凝土结构施工过程中，在洞口、建筑物外围设置防护网，即使有人员坠落或物体坠落仍可被拦截在安全网内，降低危险程度。

（3）联锁

当出现危险状态时，强制某些元件相互作用，以保证安全操作。例如，构件起重吊装过程中，起重设备安装限位和报警装置，当起重超设备吊重或幅度超限，限位报警使得起重设备停止危险进一步发展。

（4）隔离操作或远距离操作

伤亡事故发生必须是人与施害物相互接触。例如在构件吊装过程中，在作业半径和被吊物下方设置警戒区域，无关人员禁止入内。

（5）设置薄弱环节

在设备和装置上安装薄弱元件，当危险因素达到危险值之前这个地方预先破坏，将能量释放，保证安全。例如空压机、乙炔瓶等压力容器的泄压阀。

（6）坚固或加强

有时为了提高设备的安全程度，可增加安全系数，保证足够的结构强度。例如登高作用使用钢制扶梯或马梯，不使用木质梯；使用粗钢丝绳，不使用细钢丝绳；不使用壁薄的钢管，使用壁厚的钢管等。

（7）警告牌示和信号装置

警告可以提醒人们注意，及时发现危险因素或部位，以便及时采取措施，防止事故发生。警告牌示是利用人们的视觉引起注意；警告信号则可利用听觉引起注意。如：在预制构件吊装区域设置禁入标识；在危险品仓库外设置禁止烟火标识；在构件堆放处设置靠近有危险等警告标识。

随着科学技术的发展，还会开发出新的更加先进的安全防护技术措施，要在充分辨识危险性的基础上，具体选用。安全技术设施在投用过程中，必须加强维护保养，经常检修，确保性能良好，才能达到预期效果。

2．安全教育措施

安全教育是对现场管理人员及操作工人进行安全思想教育和安全技术知识教育。通过教育提高从业人员安全意识及法制观念，牢固树立安全第一的思想，自觉贯彻执行各项劳动保护法规政策，增强保护人、保护生产力的责任感。安全技术知识教育包括一般生产技术知识、一般安全技术知识和专业安全生产技术知识的教育。施工现场安全教育的种类很多，有三级教育、全员教育、季节教育、长假前后教育、安全技术交底、特种作业人员专项教育等等。现场安全教育的方式也是多样化，但以被教育人听得懂、记得牢为原则。

3．安全管理措施

安全管理是通过制定和监督实施有关安全法令、规程、规范、标准和规章制度等，规范人们在生产活动中的行为准则，使得劳动保护工作有法可依，有章可循。同时，施工现场安全管理要将组织实施安全生产管理的组织机构、职责、做法、程序、过程和资源等要素有机构成的整体，使得在预制混凝土结构施工过程各个环节、各个要素的安全管理都做到有章可循，安全管理处在一个可控的体系中。施工现场安全管理体系包括以下：

（1）目标制定

目标是整个管理所期望实现的成果。在施工过程中既要有总体安全生产目标，还要对目标进行分解，并配备安全生产目标实施计划和考核办法。所以目标的制定要可细化、可量化、可比较，例如入职人员教育率100%、隐患整改率100%、PC构件堆放倾覆率0%、PC构建吊装构件吊装碰撞率0%，工伤人数0%等，针对目标有目的的组织实施计划，最终的目标是生产安全"零事故"。

（2）组织机构与职责

建筑施工行业以安全生产责任制为核心，各个岗位均应建立健全安全生产责任制度。

（3）安全生产投入

安全文明施工措施经费是为了确保施工安全文明生产必要投入而单独设立的专

项费用。在施工过程中，安全生产投入可以用作安全培训及教育；各种防护的费用；施工安全用电的费用；各类防护棚及其围栏的安全保护设施费用；个人防护用品，消防器材用品以及文明施工措施费等。在施工过程中要保证专款专用。

（4）安全生产法律法规与安全管理制度

施工组织和施工过程中要符合适用的法律、法规及其他应遵守的要求，并建立其获取的渠道，保证生产运行的各个环节均符合法律、法规要求。所以识别、获取、更新与预制装配式相关的法律、法规，并按照相关要求制定管理制度，培训、实施、操作规程、考核管理办法。

（5）安全生产教育培训

首先要建立教育培训制度，确定教育培训计划，针对不同的教育培训对象或不同的时段，确定培训内容，确定教育培训流程和考核制度。

（6）生产设施设备

设备、设施是生产力的重要组成部分，要制定设施、设施使用、检查、保养、维护、维修、检修、改造、报废等管理制度；制定安全设施、设施（包括检查、检测、防护、配备）、警示标识巡查、评价管理制度；制定设备、设施使用、操作安全手册。

（7）作业安全

作业安全管理是指控制和消除生产作业过程中的潜在风险，实现安全生产。PC施工过程中，包含危险区域动火作业、高处作业、起重吊装作业、临时用电作业、交叉作业等，是施工过程隐患排查、监督的重点。

（8）隐患排查与治理

事故隐患分为一般事故隐患和重大事故隐患。通过隐患和排查治理，不断堵塞管理漏洞，改善作业环境，规范作业人员的行为，保证设施设备系统的安全、可靠运行，实现安全生产的目的。

（9）重大危险源监控

重大危险源辨识依据《重大危险源辨识》和建筑工程《危险性较大的分部分项工程安全管理办法》进行普查和辨识。针对重大危险源需建立危险源清单与台账，危险源档案，危险源监管、监控、检测记录及设施设置记录和位置分布图等。

（10）职业健康

为了保障职工身体健康.减少职业危害，控制各种职业危害因素，预防和控制职业病的发生。包括以改善劳动条件，防止职业危害和职业病发生为目的的一切措施。职业危害防护用品、设备、设施管理制度等。

（11）应急救援

应急管理是围绕突发事件展开的预防、处置、恢复等的活动。按照突发事件的发生、发展规律，完整的应急管理过程应包括预防、响应、处置与恢复重建四个阶段。应急管理者还应该全面开展应急调查、评估，及时总结经验教训；对突发事件发生的原因和相关预防、处置措施进行彻底、系统的调查；对应急管理全过程进行全面的绩效评估，剖析应急管理工作中存在的问题，提出整改措施，并责成有关部门逐项落实，从而提高预防突发事件和应急处置的能力。

（12）事故报告调查处理

施工现场必须严格执行《生产安全事故报告和调查处理条例》，上报和处理事故。事故处理按照"四不放过"处理原则，其具体内容是：事故原因未查清不放过；责任人员未受到处理不放过；事故责任人和周围群众没有受到教育不放过；事故制定的切实可行的整改措施未落实不放过。

（13）绩效评定持续改进

通过评估与分析，发现安全管理过程中的责任履行、系统运行、检查监控、隐患整改、考评考核等方面存在的问题，提出纠正、预防的管理方案，并纳入下一周期的安全工作实施计划。

二、装配式混凝土建筑施工主要安全管控措施

（一）装配式混凝土建筑施工主要危险源

装配式混凝土建筑，简要来说就是在工厂预制好混凝土构件，包括梁、板、柱、墙等，然后运输至现场进行吊装拼接，最终完成一栋建筑物的建造。

（二）装配式混凝土建筑施工安全生产主要措施

1. 构件的堆放安全措施

预制构件的储存应防止外力造成倾倒或落下，进行整理以保证顺利运输。为保证构件不会发生变形，防止构件上的泥土乱溅，应明显标示工程名称、构件符号、生产日期、检查合格标志等。储存时间很长时，应对结合用金属配件和钢筋等进行防锈处理。

堆放方法：构件堆置时，不可与地面直接接触，须乘坐在木头或软性材料上。

（1）柱子

柱子堆置时，高度不可超过2层，且须于两端0.2L～25L间垫上木头，若柱子有

装饰石材时，预制柱与木头连接处需采用塑料垫块进行支承。上层柱子起吊前仍须水平平移至地面上，方可起吊，不可直接于上层就起吊。

（2）大小梁

大小梁堆置时，高度不可超过2层，实心梁须于两端0.2L～0.25L间垫上木头，若为薄壳梁则须将木头垫于实心处，不可让薄壳端受力。

（3）板类堆放

KT板则不可超过4片高，堆置时于两端02L～0.25L间垫上木头，且地坪必须坚硬，板片堆置不可倾斜。

外墙板平放时不应超过三层，每层支点须于两端0.2L～0.25L间，且需保持上下支点位于同一线上；垂直立放时，以A字架堆置时，长期储放时必须加安全塑料带捆绑（安全荷重5t）或钢索固定，墙板直立储放时必须考虑上下左右不得摇晃，且须考虑地震时是否稳固。

（4）异型构件

楼梯或异型构件若须堆置2层时，必须考虑支撑是否会不稳.且不可堆置过高.必要时应设计堆置工作架以保障堆置安全。

2．PC构件的出厂与运输安全措施

在对构件进行发货和吊装前，应事先和现场构件组装负责人确认发货计划书上是否记录有吊装工序、构件的到达时间、顺序和临时放置等内容。

（1）运输时安全控制事项

运输时为了防止构件发生裂缝、破损和变形等，选择运输车辆和运输台架时应注意选择适合构件运输的运输车辆和运输台架；装车和卸货时要小心谨慎；运输台架和车斗之间应放置缓冲材料；运输过程中为了防止构件发生摇晃或移动，应用钢丝或夹具对构件进行充分固定；应走运输计划中规定的道路，并在运输过程中安全驾驶，防止超速或急刹车现象。

（2）装车时安全控制事项

构件运输一般采用平放装车方式或竖立装车方式。梁构件通常采用平放装车方式，墙和楼面板构件在运输时，一般采用竖向装车方式。其他构件包括楼梯构件、阳台构件和各种半预制构件等，因为各种构件的形状和配筋各不相同，所以要分别考虑不同的装车方式。平放装车时，应采取措施防止构件中途散落。竖向装车时，应事先确认所经路径的高度限制，确认不会出现问题。另外，还应采取措施防止运输过程中构件倒塌。无论采用哪种装车方式，都需根据构件配筋决定台木的放置位置，防止构件运输过程中产生裂缝、破损，也要采取措施防止运输过程中构件散落，还需要考虑搬运到现场之后的施工便捷等。

3．吊装作业安全控制措施

吊装作业是装配式混凝土建筑施工总工作量最大、危险因素存在最长的工序。施工过程中应严格执行管控措施.以安全作为第一考虑因素，发生异常无法立即处理时，应立即停止吊装工作，待障碍排除后方可继续执行工作。

（1）吊装作业一般安全控制事项：

第一，起重机驾驶员、指挥工必须持有特殊工种资格证书。

第二，吊装前应仔细检查吊具、吊点与吊耳是否正常，若有异物充填吊点应立即清理干净，检查钢索是否有破损，日后每周检查一次，施工中若有异常擦伤，则立即检查钢索是否受伤。

第三，螺丝长度必须能深入吊点内3cm以上（或依设计值而定）。起重安装吊具应有防脱钩装置。

第四，应检查塔吊公司执行日与月保养情况.月保养时亦须检查塔吊钢索。

第五，异型构件吊装.必须设计平衡用之吊具或配重，平衡时方能爬升。

第六，构件必须加挂牵引绳，以利作业人员拉引。

第七，所有吊装、墙板调整与洗窗机下方应设置警示区域。

第八，起吊瞬间应停顿0.5min，测试吊具与塔吊之能率，并求得构件平衡性，方开始往上加速爬升。

（2）吊具与支撑架安全控制：

第一，平衡杆与平衡吊具：墙板与大梁尽量以平衡杆吊装.异型构件一律以平衡吊具吊装；吊装前应检查平衡杆与平衡吊具焊道是否有锈蚀不堪使用情形。

第二，吊具与螺丝：吊具使用前应检视是否锈蚀与堪用.螺丝应仔细检视牙纹是否与吊点规格纹路相同，螺丝长度是否足够。

第三，支撑架与支撑木头：支撑架之横向支撑应以小型钢为主，有其他因素难以避免时，方得以木头支撑，且应以新购为原则，鹰架用的木头断面为120 mm×120 mm，楼板用的支撑木头断面则为90 mm×90 mm，且不得有裂纹；支撑架破孔，或有明显变形，则不应使用，支撑时应注意垂直度，不可倾斜。

第四，施工鹰架：支撑鹰架搭设时，必须挂上水平架.水平架的作用在于防止鹰架的挫曲，尤其鹰架高度大于3.6m时更显重要。

（3）预制构件吊装安全控制事项：

第一，柱子吊装安全：柱底垫片应以铁制薄片为原则.规格采用2 mm、3 mm、5 mm、10 mm厚为主，垫片平面尺寸依柱子重量而定，垫片距离应依柱子重量与斜撑支撑力臂之弯矩关系，维持柱子之平衡性与稳定性。

柱子斜撑如套筒续接砂浆于柱吊装完成即施作，应以3支为原则；如大梁先吊装后施作套筒续接砂浆，应以4支为原则，斜撑强度以1.0t计算。

柱子完成安装调整后.应于柱子四角加塞垫片增加稳定性与安全性。长柱（跨越两个楼层）吊装时不可成为独立柱，应一根柱子配合一根大梁（钢梁）方式吊装，且长柱吊装应以半自动脱钩吊具或用高空作业车载入脱钩为原则，减少作业人员爬上松绑次数。

安装作业区5～10m范围外应设安全警戒线，工地派专人把守，非有关人员不得进入警戒线，专职安全员应随时检查各岗人员的安全情况，夜间作业，应有良好的照明。

第二，大、小梁吊装安全控制事项：工作人员安装大小梁时应以安全带勾住柱头钢筋或安全处。安装大小梁前应依设计图搭好支撑架，以利大小梁乘坐及减少大小梁中央部变位量。支撑鹰架之水平架一定要安装，可减少挫曲可能性。

起吊前：预制梁于起吊前即于地面安装好安全母索。四周边大梁于地面事先安装刚性安全栏杆。

起吊时：起吊离地时须稍做停顿，确定吊举物平衡及无误后，方得向上吊升。吊车作业须采取吊举物不可通过人员上方，及吊车作业半径防止人员进入之措施。梁构件必须加挂牵引绳，以利作业人员拉引。

梁安装完成须立即架设安全网（采用S形不锈钢钩，直径4 mm），装配式混凝土梁防护网安装。

第三，板类吊装安全管理措施：KT板中央部一定要加支撑，楼层高度在3.6 m以下时常以钢管作为支撑，若钢管支撑长度超过3.5 m时，应加横向90 mm×90 mm断面木条串联，减少无支撑长度。KT板一般以勾住K-truss作为吊点，但超大型KT板（3 m×6 m以上）应以方形平衡架作为吊具，以免拉裂。起吊应依设计起吊点数施工，且须备妥适合吊具。

外墙板吊点与侧边之翻转吊点，均应审查孔内是否清洁。阳台板与女儿墙板固定系统除依设计图施工外，工地主管应检核墙版安装后是否确实不动。墙板安装后需及时安装墙板专用安全护栏，四周须连接没有破口超长板片以平衡杆加挂牵引绳，以利作业人员拉引。

第四，预制楼梯吊装安全管理措施：长度超过3.2m以上之预制楼梯应以平衡架吊装。曲型预制楼梯翻转时应注意翻转之安全。预制楼梯高程调整垫片于安装调整后应立即电焊固定。

第五，预制构件支撑与斜撑拆除时间：预制支撑应依设计图为之，若未说明时，可依下列原则：

第一，实心预制大小梁系统可于面层灌浆3d后拆除支撑；

第二，薄壳预制大小梁系统可于面层灌浆7d后拆除支撑；

第三，不论实心预制大小悬臂梁或薄壳预制大小悬臂梁须于面层灌浆14d后，方可拆除支撑；

第四，阳台外墙与女儿墙下部无永久支撑且为湿式系统，亦须于接合部混凝土浇置14d后，方可拆除支撑；

第四柱子于套筒续接砂浆灌浆24h后，即可拆除全部斜撑。

（4）装配式混凝土施工临边防护

预制外墙板、周边梁应在堆放区域先锁好安全栏杆后再起吊。

主次梁完成后即悬挂安全网。装配式混凝土构件临边防护网。

其他洞口处必须增加临边护栏。工作人员安装大小梁时应以安全带勾住柱头钢筋或安全绳。

三、安全管理措施

（一）零事故目标

1. 零事故目标假设

由于安全事故危及人的生命并浪费大量金钱，所以需要管理，管理的时候也是要花费成本的。安全事故会造成成本的浪费，是成本的损失。

杜邦公司的理论："任何风险都可以控制，任何事故都可以避免"。对大系统而言，理论上可行，实际上很难做到。但是对小系统而言："理论上可行，实际上也能做到"。对于整个装配式混凝土建筑施工而言是个大系统，但是可以划分成多个分项工程，再细化成个小环节，就变成小系统，只要各小系统事故为零，则整个装配式混凝土建筑施工大系统就可实现"零事故"。

2. 零事故目标管理

（1）管理计划

相当于政策、策略，包括工作的规划、管理行为的规划。现场的安全提示图，有安全生产多少天的告示，可以时刻提醒作业人员，目标是什么，可以继续做什么。

（2）实施

实施主要强调方法，过程中如何用一些方法保证规划、计划获得有效的落实。

安全生产责任制度，包括安全生产检查制度、安全生产宣传教育制度、劳动保护用品的管理制度、特种设备的安全管理制度等。

（3）检查纠正

实施完后要检查纠正，对所有的事故或者险兆事故（没有造成伤害的事件）进行调查，一定要发现根本原因，然后采取有效的措施，不断地检查和纠正。

（4）管理评审

作为一个体系的话，会有阶段性的评审，整个体系是一个循环的过程。零事故是个目标不是指标，当小系统发生意外，经过纠正，仍然可以以"零事故"为目标开展其他工作。

（二）安全生产讲评

安全生产讲评是指每天将作业现场安全生产状况、危险风险点、违规操作和事故案例以及前一天安全生产实施情况等对所有的施工现场管理人员和作业人员进行集中讲评。使每名人员掌握每天的安全生产状况、危险风险点情况以及动火区域等安全注意事项，及时纠正生产过程中发现的违规操作并引以为戒，确保施工现场的安全生产和防火安全。主讲人必须是项目经理部的经理、副经理、施工技术人员、安全管理人员。

工程项目可根据施工现场实际情况，在临建设施的空地上或作业现场安全场地上设立安全生产讲评板、讲评台开展讲评活动。每天至少在班前安排一次讲评活动，讲评时间控制在5～10 min，且讲评过程必须感人、动情。

（三）项目安全总监

作为项目的安全管理人员，由于是项目经理直接领导的，所以经常发生安全管理人员依据项目经理意愿，对发现的安全问题、安全隐患或是安全资金投入不到位等问题进行隐瞒的情况，从而造成施工现场安全的监督整改力度不够，甚至导致安全事故的发生。在施工企业内推行项目安全总监制度能够有效地加强对在建项目的安全监督力度，有效提升企业安全管理水平。

项目安全总监是由上级委派的，他对项目进行安全监督指导，直接向上级汇报．不受项目经理制约。其具体工作包括做好安全总监日志、安全总监周、月报的工作，将工地现场每日、每周、每月的施工进度情况、安全总监工作情况、现场安全隐患及整改情况、下阶段安全工作计划等通过文字及图片进行汇总并用邮件的方式上报给上级委派单位；由上级委派单位审阅批复并转发给工地所属单位领导及安全管理部门，让他们知晓工地现场的安全状况，同时利用他们与项目经理的上下级关系，督促项目经理加强现场安全管理、提高隐患整改力度。

1. 职责

项目安全总监并非项目安全员，主要审核开工前安全生产条件、监督项目安全管理组织架构、监督检查危险性较大分部分项工程安全专项施工方案落实情况，并及时向上传递重大危险源信息。监督施工现场执行公司文明施工标准化有关要求情况等，项目施工现场安全生产管理体系建立和运行情况，以及管理程序。

2. 施工过程监督的流程

第一，发现一般违规管理行为或安全隐患，应向项目经理部发出"项目安全隐患整改建议书"或"项目安全隐患整改通知书"。

第二，发现严重违规管理行为或安全隐患，应向项目经理部发出"项目停工令项目经理部必须等"项目停工令"中确定的安全隐患消除后才能以"工程复工报审单"的形式提出复工申请，获项目安全总监批准后方可恢复施工。

第三，对项目经理部出现拒不整改安全隐患或不停止施工的现象，项目安全总监要及时向上级安全管理部门报告。

（四）数字化工地建设

"生产过程数字化""生产管理数字化"是企业现代化步伐的必然趋势，是企业走向开放和竞争市场的必经之路。

1. 从业人员实名制管理

我国当前的建筑行业是以施工企业工程总承包为依托，劳务分包为作业主体进行的。农民工作为建筑市场的主要劳动力，有其自身的特点，譬如劳动技能水平参差不齐、流动性强等，这就造成了建筑市场技能型作业队伍的鱼龙混杂，并给施工管理造成了巨大的困难。

实行施工现场作业人员实名制管理，是加强施工现场作业人员动态管理的具体举措。可促使各工程项目履行相应的管理和培训教育职责，对施工现场人员数量、基本情况、进出时间、年龄结构、技能培训、工作出勤等基本情况也可充分了解和分析，并制定针对性的管理、教育和服务措施。

实名制管理是指通过健全劳务用工管理机制、完善相关管理制度，利用计算机、互联网等现代科技手段，建立能动态反映施工现场一线作业人员实际情况的数据库和花名册、考勤册和工资册等实名管理台账，形成闭合式的管理体系，可实现在体检和健康档案管理实名制、劳动合同管理实名制、岗前培训和安全教育实名制、工作聘用准入实名制、工作考勤实名制、工资支付实名制的管理目标。国内各地政府逐步建立了施工现场劳务人员实名制管理系统，但管理内容简单.工程项目可根据实际需要拓展实名制管理的信息采集。

（1）从业人员资格审查

总承包企业的分支机构（各子公司、分公司）、各专业承包企业、劳务分包企业应在各自作业人员进场前，向总承包项目部申报用工计划和作业人员基本信息，由项目部进行初审。必须符合以下基本条件才能获通过：

第一，验证专业承包企业、劳务分包企业的施工资格，将"三证一书"（即：营业执照、资质证书、安全生产许可证、法人授权委托书等）复印件整理归档。

第二，务工人员的招用，必须由劳务公司依法与务工人员签订劳动合同。劳动合同必须明确规定工资支付标准、支付形式和支付时间等内容。

第三，用工范围：熟练的技术操作工，有中、高级技能职称的操作工优先录用，特殊工种人员必须具备行业执业资格证。年龄18～60岁，身体健康。

第四，岗前培训：根据员工素质和岗位要求，实行职前培训、职业教育、在岗深造培训教育以及普法维权培训教育，提高员工的职业技能水平和职业道德水平。

（2）信息备案与筛选

工程项目管理部应在作业人员办理进场登记Id内，将各类基本信息进行采集，以身份证号为唯一编号。采集作业人员初次进入工地的刷卡数据生产成本工地人员名单，并将教育培训等动态数据及时更新。

（3）信息卡发放

对参观、检查等短期进场非施工人员发放临时信息卡，对项目业主、监理、项目管理人员、施工人员发放实名制信息卡。

（4）数据分析

通过对采集的信息方进行分析，或建立数据采集分析系统，发挥综合协调作用，强化专业分包、专业承包、劳务分包的管理、企业的联动机制、综合协调运行机制。可以通过信息数据对工程项目人员进行关键信息查找；查询进场人员数量、工时、人员状态；建立工时统计，分析用工成本；规范管理流程，审查从业人员保险、资质、岗前培训、专项交底等必要监管程序的实施，不按时完成或违章进行警示；建立从业人员个人诚信评价体系，由项目端对处罚信息进行填写，并与分包单位评价相结合等。

2.门禁管理系统

门禁管理系统是实名制管理中准入现场的重要手段，是数字化工程的子系统，具备人员考勤及出入人员身份认定、控制通行的功能。系统设备安装于人员出入处，主要由通道闸机、读卡设备、嵌入式控制计算机、摄像机及显示器等构成。其通过验证证件的合法性及有效性来控制人员的进出，同时显示证件所对应照片，供保安人工判断是否与刷卡人一致，从而保证了人、证一致。

（1）使用范围

可实施封闭式管理的建设工程项目，均可设置施工现场管理门禁系统，对所有出入作业区域的人员进行刷卡管理。

（2）基本硬件配置：

第一，各工程项目明确分隔施工区域与非施工区域。在施工现场或作业区布置人员进出通道和车辆运输通道，除保留进出主要通道和必要的安全消防通道外，将施工区域全部封闭，并安排准专职值班人员值守，避免与工程无关的闲杂人员进入。

第二，车辆运输通道由警卫负责进出登记管理，人员进出通道设置考勤及出入管理门禁管理设施，并由警卫室进行监管。

第三，门禁管理系统通道机采用三辊闸式，并具备防翻越设施，及紧急情况人员快速疏散功能。布置于主要通道用于记录功能可采用门式。

第四，门禁管理系统应能实时、醒目显示当前在作业区域的持有实名卡、临时卡的人数。

第五，门禁系统警卫室内有电脑、视频等显示进出人员基本信息、系统报警的硬件设施，判断了证件的有效性后显示该证件对应的照片、姓名等资料，保安可以据此进一步判断证件与证件持有人是否相符，杜绝借用、冒用证件的情况。

门禁管理系统核心是放行具有资格、符合管理流程的作业人员，对不具备资格、不符合管理流程的作业人员进行预警并禁止入内。

3．人员和设备定位管理

人员和设备定位管理系统是集施工人员考勤、区域定位、安全处罚、监督整改、安全预警、灾后急救、日常管理等功能于一体的管理系统，它使管理人员能够随时掌握施工现场人员、设备的分布状况和每个人员和设备的运动轨迹，便于进行更加合理的调度管理以及安全监控管理。当事故发生时，救援人员可根据该系统所提供的数据、图形，迅速了解有关人员的位置情况，及时采取相应的救援措施，提高应急救援工作的效率。这一科技成果的实现，促使工程建设的安全生产和日常管理再上新台阶。

4．远程视频监控

用电子视频监控系统对建设工程施工现场的生产调度、施工质量、安全与现场文明施工和环境保护实现实时的、全过程的、不间断的安全监管监控，该项技术近年来已被广泛应用。利用远程视频监控技术可以做到动静皆管的立体管理机制，更有效地对建筑工程施工进行管理。

远程监控的应用使领导和管理部门能随时、随地直观地势查现场的施工生产状况.通过对工程项目施工现场重点环节和关键部位进行监控，特别是对施工现场操作状况与施工操作过程中的施工质量、安全与现场文明施工和环境卫生管理等方面起到了施工过程中应有的监督。施工过程被录像存储备份，可随时查看监控信息，即使发生了一些不可预测的事件，也便于事故发生后第一时间内查明事故发生原因，明确事故责任。

（1）远程视频监控功能：

第一，网络化监控。通过计算机网络，能做到在任何时间、从任何地点、对任何现场进行实时监控。

第二，存储。可以实现本地或远程的录像存储及录像查询和回放。

第三，通过镜头及云台，对现场的部分细节进行缩放检视。通过视频监控系统对重点环节和关键部位进行监控，可有效增加监控面，能及时制止安全隐患及违章行为发生。

第四，通过手机版、PAD版以及安卓版软件的开发，可在任何有网络的地方实现全方位监视等。

（2）视频监控摄像头安装位置

视频监控摄像头的位置应根据监控范围和监控目的要求设置。摄像头一般安装于结构附设塔吊的塔身上，随着操作层的升高，监控点也将同步上升，除对施工操作层进行全面监控外，同时可以鸟瞰整个施工工区。此外，摄像头也可安装于工地进门处横梁上，以观察门卫管理情况；还可针对重大风险源实施位置设置摄像头。

（3）远程视频可监控内容：

第一，重大危险源监控：通过视频监控系统对工程项目施工中的重大危险源项目进行重点监控，能及时掌握与了解危险性较大工程的施工进度和安全状态，对监控中发现的安全隐患或其他违规行为，可责令施工现场立即进行整改或停工检查。有必要进行远程监控的重大危险源包括：①深基坑支护；②人工挖孔桩施工；③现场高支模施工作业；④外墙脚手架的搭设与施工；⑤大型施工用起重机械（塔吊、施工电梯与施工井架）等具有危险性较大的大型工程机械的折装、加节、提升等施工和使用情况。

第二，施工现场安全防护情况监控：

①对深基坑土方开挖工程施工时，出现超挖施工等未按施工方案进行施工的违法违规行为进行实时监控，如：深基坑坑边荷载堆载过大、临边防护未设置栏杆，深基坑支护结构出现明显开裂、渗漏等异常情况，深基坑支护工程未做完即进行基坑内的施工作业等情况；

②现场人工挖孔桩洞口边施工，无防护或洞口附近堆放土石方或工人下井作业时未使用安全防护用品（安全帽、安全带）等情况进行实时监控；

③对高大模板工程和外墙脚手架工程的搭设与施工过程作业等情况进行实时监控；

④对大型施工用起重机械（塔吊、施工电梯与施工井架）等具有危险性较大的大型工程机械的拆装、加节、提升等施工和使用、防护等情况进行重点的实时监控；

⑤对高空危险作业人员不按要求使用安全带、施工现场人员未戴安全帽的，或未在施工现场入口处、施工起重机械、临时用电设施、脚手架、出入通道口、基坑边沿设置明显的安全警示标志及施工现场乱接、乱拉电线，或电线、电缆随意拖地等情况进行实时监控。

（4）监控结果处理

视频监控系统发现违章事项，均可截图发放相应的工程项目管理部门进行针对性整改。

第二节　标准化施工

一、标准化施工意义

许多建筑施工现场实行的是粗放式管理，机械、材料、人工等浪费严重，生产成本高，经济效益低，能源消耗和发展效率极不匹配。而施工现场的安全管理不规范、不标准，导致模板支撑系统坍塌、起重机械设备事故等群死群伤的重大事故时有发生，这显然与时代要求发展不符。施工现场安全质量标准化是实现施工现场本质安全的重要途径，也是必要途径。

在施工过程中科学地组织安全生产，规范化、标准化管理现场，使施工现场按现代化施工的要求保持良好的施工环境和施工秩序，规范施工现场秩序，强化安全措施，展示企业形象，减少施工事故发生。

施工现场安全实体防护的标准化主要包括四个方面，即：各类安全防护设施标准化；临时用电安全标准化；施工现场使用的各类机械设备及施土机具的标准化；各类办公生活设施的标准化。

二、标准化施工实施

（一）个人防护用品

个人保护用品是为使劳动者在生产作业过程中免遭或减轻事故和职业危害因素的伤害而提供的，直接对人体起到保护作用。个人防护用品主要包括：安全帽类，呼吸护具类、眼防护具、听力护具、防护鞋、防护手套、防护服、防坠落具。进入施工现场必须按照规定佩戴个人防护用品。

（二）物料堆放标准

生产场所的工位器具、工件、材料摆放不当，不仅妨碍操作，而且会引起设备损坏和工伤事故。为此，应该做到：生产场所要划分毛坯区，成品、半成品区，工位器具区，废物垃圾区。原材料、半成品、成品应按操作顺序摆放整齐且稳固，尽量堆垛成正方形；生产场所的工位器具、工具、模具、夹具要放在指定的部位，安全稳妥，防止坠落和倒塌伤人；工件、物料摆放不得超高，堆垛的支撑稳妥，堆垛间距合理，便于吊装。流动物件应设垫块楔牢；各类标识清晰，警告齐全。

（三）完工保护标准

在施工阶段为避免已完工部分及设备受到污染等人为因素损伤，各项设施必须以塑料布、海绵、石膏板等材料加以保护。必须保护的设施有：石材、门框、电梯、卫浴设施、玄关、电表箱、木地板、窗框等特殊建材等。

第一，门框、窗框：门框、窗框以海绵保护、防止污染及碰撞。

第二，窗框轨道：落地窗框轨道必须以n型铁板加以保护、防止损伤。

第三，玻璃：玻璃必须贴警示标贴，必要时贴膜保护，防止碰撞刮伤。

第四，地面等石材保护：石材地面或地板等以石膏板或者夹板加以保护，以防止碰撞和污染。

第五，电梯保护：电梯门、框、内部、地板都应贴板材加以保护。

第六，卫浴设施：浴缸等安装完成后，防止后续施工损害，用夹板包裹海绵加以保护。马桶安装好后用胶带粘贴好，并粘贴警示标语。

（四）运输车洗车槽

工地洗车槽是建筑工地上用来清洗工程运输车的清洁除尘设备。工地洗车槽的清洁效果显著.能把工程运输车的车身、轮胎和车底盘等位置做到全方位的冲洗，致使工程运输车辆干净上路。

第一，洗车槽四周应设置防溢装置，防止洗车废水溢出工地。

第二，设置废水沉淀处理池，进行泥沙沉淀。

（五）暴露钢筋防护

工地内暴露钢筋随处可见.极易造成人员跌倒或坠落时被刺穿，对工地内向上暴露的钢筋、钢材、尖锐构件等需加装防护套或防护装置。

（六）临边防护网

建筑工程临边、洞口处较多，为防止人员坠落或物体飞落时能将其拦截，在必要位置需设置防护网。防护网可分为临时性和永久性。主要设置部位有建筑物临时性平台、塔吊开口、电梯井、管道间、屋顶等位置。

安全网材料、强度、检验应符合国家标准.落差超过2层以上设置安全网，其下方有足够的净空以防止坠落物下沉、撞及下面结构。安全网使用前应进行检查，并进行耐冲击试验确认性能。

参考文献

[1]齐宝欣，李宜人，蒋希晋．BIM技术在建筑结构设计领域的应用与实践[M]．沈阳：东北大学出版社，2018．

[2]李志军，王海荣．建筑结构抗震设计[M]．北京：北京理工大学出版社，2018．

[3]王艳，李艳，回丽丽．建筑基础结构设计与景观艺术[M]．长春：吉林美术出版社，2018．

[4]王萱，谢群，孙修礼．高层建筑结构设计[M]．北京：机械工业出版社，2018．

[5]唐兴荣．高层建筑结构设计[M]．北京：机械工业出版社，2018．

[6]陈瑞金，徐建荣，李国清．炼油厂建筑与结构设计[M]．北京：中国石化出版社，2018．

[7]庄伟，匡亚川．建筑结构设计快速入门与提高[M]．北京：中国建筑工业出版社，2018．

[8]刘传辉．高层建筑结构设计与美学表现[M]．延吉：延边大学出版社，2018．

[9]王飞，李志兴．高层建筑结构设计与施工管理[M]．北京：北京工业大学出版社，2018．

[10]周俐俐．楼梯建筑结构设计技巧与实例精解[M]．北京：化学工业出版社，2018．

[11]丁洁民，吴宏磊．减隔震建筑结构设计指南与工程应用[M]．北京：中国建筑工业出版社，2018．

[12]曾桂香，唐克东．装配式建筑结构设计理论与施工技术新探[M]．北京：中国水利水电出版社，2018．

[13]张荣兰，陈桂平，尹红宇．建筑结构抗震设计[M]．北京：中国建筑工业出版社，2018．

[14]张耀庭，潘鹏．建筑结构抗震设计[M]．北京：机械工业出版社，2018．

[15]王敬奎．建筑钢结构原理与设计[M]．延吉：延边大学出版社，2018．

[16]吴琨，贾俊明，车顺利．传统风格建筑现代结构设计[M]．北京：中国建筑工业出版社，2018．

[17]张云．建筑结构优化设计方法与应用研究[M]．长春：吉林大学出版社，2018．

[18]郝铭．公路工程施工技术与质量控制[M]．北京：北京工业大学出版社，2019．

[19]王博．大坝混凝土施工质量控制技术研究及工程应用[M]．北京：中国水利水电出版社，2019．

[20]张汤勇．建筑施工问题快速处理[M]．福州：福建科学技术出版社，2019．

[21]程伟．工程质量控制与技术[M]．郑州：黄河水利出版社，2019．

[22]张亮，任清，李强. 土木工程建设的进度控制与施工组织研究[M]. 郑州：黄河水利出版社，2019.

[23]王忠诚，齐亚丽，邹继雪. 工程造价控制与管理[M]. 北京：北京理工大学出版社，2019.

[24]黄楠. 建筑施工升降机安全隐患图析[M]. 北京：中国建材工业出版社，2019.

[25]陈敏，任红伟. 桥梁加固施工及质量控制[M]. 北京：人民交通出版社，2020.

[26]赵永前. 水利工程施工质量控制与安全管理[M]. 郑州：黄河水利出版社，2020.

[27]杨智慧. 建筑工程质量控制方法及应用[M]. 重庆：重庆大学出版社，2020.

[28]杨彦海. 道路工程施工技术[M]. 沈阳：东北大学出版社，2020.